马琳的点心书

MALIN'S DESSERT

会烘焙 会拍照

速成烘焙大师攻略

马琳 著
王晶萍 摄影

湖南科学技术出版社

我有一个会拍照的朋友

当我还是一个美食编辑的时候，搭档就是这个摄影师朋友。我们一起去采访美食，我负责撰稿，她负责拍照。她的作品，每一张都正好是我想要的。

这就是我们缘分开始的地方。

那年，我开始热衷于烘焙这件事情。把自己做的糕点拍照、写博客，坚持记录了下来。而我的很多糕点图片，都是我的这个摄影师帮我拍的。我景仰她看似随意却能拍出食物的各种姿态。

有一天，我现在的编辑发现了沧海遗珠的我，问我有没有兴趣出版烘焙书？于是在商定好选题之后，我马上决定，我的书，一定要邀请她来给我拍照。就这样，我的第一本书、第二本书、第三本书、第四本书……摄影师都是她。

我常跟别人开玩笑说，她是我的御用摄影师。我在朋友圈里晒的各种诱人的甜品图，几乎都是来自她的作品。所以我特别庆幸能有这样一位朋友，她懂我小女人的美食世界，又特别懂拍照。

后来，她也开了自己的摄影工作室，开始教摄影课程。我突然想到，为什么合作多年的我们，不能在书里既教大家学烘焙，又教大家学摄影呢？

每一个爱做爱吃的烘焙控们，谁不希望自己也能有一手拍照的好本事呢！而摄影这件事，和烘焙一样，说简单也简单，说难也难，关键是，你要有一颗持续热爱的心。这样，即使你没有多么好的设备，也照样能拍出惊艳的照片来。

她就是我的会拍照的朋友——王晶萍。希望在这本书里，可以让大家学到好吃的糕点的做法和实用的摄影知识。我们也谈不上是什么老师，只愿能做大家相同爱好的同路人吧。

马琳

2017 年 8 月 19 日

世界那么美好，不 拍 下来多遗憾？

嗨，大家好。

我是瓶子，其实我是一个不善言辞的人，平常我更喜欢用图片来记录和表达自己的情感。这次受好朋友马琳之邀一起出版这本《爱烘焙会拍照：速成烘焙大师攻略》。很多内容是自己这几年拍摄的心得和体会，希望可以跟大家多多交流。

我大学学的就是摄影专业，真正意义上接触到美食摄影，是在报社当摄影记者的时候。那时经常采访一些酒店和餐厅，要拍许多的甜品和菜品之类的美食。有段时间我就老在琢磨，怎么样才能把菜品拍得既时尚又诱人。后来报社来了一个新的美食编辑叫马琳，没错，跟马琳同学的友谊就是那个时候开始建立的。

后来我知道了这个姑娘爱做烘焙，她会经常让我尝一些她做的小点心，谁叫我是个吃货呢！因为这些小点心太可爱了，每次吃下去之前我都会给它们留个影像。就这样我慢慢地走上了独立美食摄影师之路。

每次拍完后，我会把照片传到一些社交媒体上，慢慢地喜欢我这种拍摄风格的朋友也越来越多。后来马琳建议我开课试一试，说不定会有很多朋友喜欢。我抱着试一试的态度，并认真积极地准备了好久的课件，开了一个静物美食摄影课堂，报名的人居然还挺多。

关于摄影，如果大家有什么问题，可以在微博上问我。我的新浪微博名：瓶子县长。

很高兴现在有那么多朋友跟我一样喜欢静物美食摄影。其实对于我来说，摄影不仅是一门技艺，它更是一种生活态度。世界那么美好，不拍下来多遗憾？

2017 年 7 月 16 日

世界那么美好，不拍下来多遗憾？

相机应该怎么选呢？

经常会有朋友发信息问我：应该怎么样选择相机。特别是开了摄影课堂后，咨询这一类问题的朋友尤其多。在这里我要告诉大家，其实买相机就跟我们买房一样，适合自己的才是最好的。一般我都会问大家预算是多少，在不同的预算里，都会有一款性价比较高的相机。对于不以摄影为职业的朋友，相机并不是越贵越好。大家记住：相机因人而专业。

言归正传，目前市场上常用的相机类别是：卡片机，微单，单反相机。因为我本身也不是器材党，所以我只能根据自己使用过的机子和镜头来向大家介绍。

卡片机和微单都体积小，便于携带。这两者的区别在于，一般的卡片机不能换镜头，而微单的镜头是可以替换的。对于拍摄质感来说，微单稍高于卡片机。单反相机分为全画幅和非全画幅相机，两者的区别在于：coms 的尺寸不一样，简单来说就是同是使用50 的镜头，全画幅相机的焦距不需要乘以 1.5 的倍率，而非全画幅的相机焦距需要乘以1.5 的倍率，那么 50 的镜头就相当于 75。

对于单反来说，如果大家预算充裕的话，可以考虑直接买全画幅的数码相机，比如佳能的 6D 和 5D 系列的全画幅数码相机。全画幅数码相机有个好处，就是很长一段时间

你不用考虑换机子，再者，其高感还原很不错。因为大多数朋友都是用自然光拍摄，如果在极暗的环境下拍摄，照片高感会还原得很好。

关于镜头，我现在用的是：35、50、85、100，都是佳能的定焦头。定焦头有一个好处就是成像质量好，大光圈。35 是一个广角头，我一般用于拍摄大景，例如风景和一些人文摄影纪录拍摄。50 是一个标头，拍摄静物时，俯拍用得比较多，因为不容易变形。85 是个人像头，一般用于拍摄人物肖像。100 是拍摄静物经常用的镜头。

刚刚接触摄影的朋友，对于镜头的选择可以从变焦镜头开始。等到摄影技术提升，对摄影有更高要求之后，可以再配一些定焦镜头。我觉得佳能 5D 系列的套机头 24—105 就不错，包含了很多的焦距段。

而关于二手相机的购买，建议大家找懂机子的朋友跟着自己，去看看机子的成色和品相。

说了这么多，希望会对大家有所帮助。

相机应该怎么选呢？

美食摄影的拍摄技巧

对于任何类别的摄影来说，构图都是很重要的组成部分。今天在这里跟大家分享几个万能构图的小技巧。

一、空间留白

在画面中适当地留下空间，不但能使主体明确，还可以创造出一种意境和想象的空间。用此构图时配合三分法则，把主体放在视觉中心，留出足够的空间，成功率会很高。

二、偏中央重点构图

把主体的视觉中心放在偏离画面中心的位置，这样的画面不会呆板，也利于场景的布局。

这种构图会使画面有延伸感，也相对活泼。但同时也要注意主体和周边的关系，如果一味地强调偏离而不注意主体的位置关系，就会发生画面失重的问题。

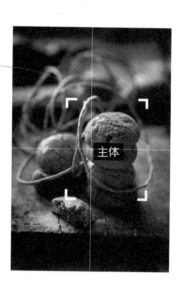

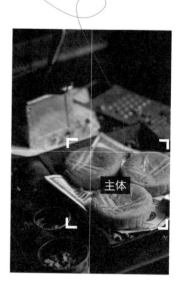

三、手部动态构图

　　一般是平视角度，表现一种操作或者端举食物的情境状态。这种动态构图形式非常具有吸引力，需要注意手部细节以及背景色和主体颜色的搭配。需要景深适中，背景不要过于虚化或者清晰。

意境与动态

CONTENTS
目 录

Part 5　朋友圈
花样造型第一名

Part 6　没烤箱
你也可以是万能的

Part

1

四季

节日都是幸福的

· · · · · · · · · · · · · · · · · · · ·

每一个节日，好像都是为了吃货而定的。春节、中秋节、元宵节、端午节、圣诞节……似乎都跟吃有关系。必须要找一个吃的理由的话，那就是今天过节！

所以每到节日，爱做点心蛋糕的我们，更是忙碌了起来。因为所有的节日糕点，咱都会自己做呀。送给亲戚朋友的伴手礼再也不是超市里买来的，而是自己亲手制作的糕点。除了诚意满满，还是独一份，别家可都吃不到的。

这一章收录的都是适合在传统节日和外来节日里制作的糕点，学会做这些小糕点，给生活更多的惊喜吧。

拍摄思路

拍摄具有重复性题材的美食，大家可以考虑运用稍俯拍的手法，既可以突出主题，也会让画面有一定的景深（前后虚实关系）。

 相机参数 ISO：600 快门速度：1/60 光圈：5.6

草莓夹心饼干

材料： 参考分量：12 块左右

黄油	50 克
低筋面粉	110 克
鸡蛋	20 克
糖粉	35 克
盐	1 克
草莓果酱	适量

小贴士

1. 草莓果酱也可以换成其他口味的果酱；

2. 如果觉得空心比较麻烦，也可以做成两片实心的桃心饼干夹果酱。

做法：

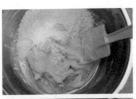

1 Step 黄油软化后，加入糖粉和盐，用刮刀搅拌均匀；

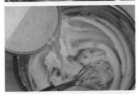

2 Step 分两次加入鸡蛋液，手动打蛋器搅打至蛋液完全吸收；

3 Step 筛入低筋面粉，用刮刀翻拌成无干粉的面团；

4 Step 将面团放在撒了干粉的案板上，用擀面杖擀成薄片；

5 Step 用大号心形饼干模压出形状；将其中一半的心形饼干，用小号心形饼干模在中心处按压出一个空心来；

6 Step 烤箱预热 165 摄氏度，上下火，烤网放在烤箱中层，烤 15 分钟左右；冷却之后，将草莓果酱涂抹在实心的桃心饼干上，然后覆盖上空心的桃心饼干即可。

拍摄思路

一般的曲奇大家应该都吃过，但是巧克力桃心玫瑰的还是不多见。所以为了突显这款饼干的特性，把视觉点放在了蘸有巧克力的这一边，机位稍微高一点，体现出桃心的特点。

相机参数　ISO：600　快门速度：1/60　光圈：5.6

摄影师 说

玫瑰曲奇

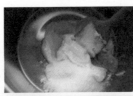

材料： 参考分量：18 块左右

黄油	100 克
糖粉	50 克
鸡蛋	30 克
低筋面粉	150 克
玫瑰水	1 小勺
玫瑰糖	适量
黑巧克力	适量

小贴士

1. 这个玫瑰水是可以食用的，我用的是英国 Steenbergs 天然有机玫瑰水；

2. 玫瑰糖淘宝可以买到，没有也可以省略。

做法：

Step 1 黄油软化后放入盆中，用刮刀拌匀，加入糖粉，先用刮刀拌匀，再用手动打蛋器搅打均匀；

Step 2 分 2~3 次加入鸡蛋液，用手动打蛋器顺着一个方向搅打均匀，每次都要搅打到完全吸收；

Step 3 加入玫瑰水，继续搅拌均匀；

Step 4 筛入低筋面粉，用刮刀翻拌成均匀的面糊；

Step 5 把面糊装入裱花袋中，在铺了锡纸的烤盘上挤出爱心的形状；

Step 6 烤箱预热 180 摄氏度，上下火，烤网放在中层，烤 20 分钟左右；冷却之后融化一些黑巧克力，涂抹在曲奇的一侧，放在烤架上，然后在上面撒一些玫瑰糖即可。

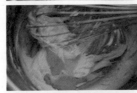

节日都是幸福的

拍摄思路

在拍摄这个饼干礼盒的时候，考虑到要把所有的饼干都交代清楚，所以选择了俯拍的角度。运用原木作为背景是想突出饼干的手工感觉。大家在拍摄时思路一定要清晰，要把食物的产品特点体现出来。

相机参数　ISO：100　快门速度：1/60　光圈：5.6

摄影师 说

饼干礼盒

材料:

黄油	糖粉	低筋面粉	水	可可粉	鸡蛋	奶粉	蜂蜜	黑巧克力
50 克	30 克	250 克	30 克	15 克	25 克	10 克	35 克	适量

做法:

Step 1

全部材料放入盆中;

Step 2

揉成光滑的面团;

Step 3

把面团擀成薄片;

Step 4

去除多余边角,整成四方形;

Step 5

然后平均切成四等份;
再把多余的面团擀开,
再次切出相同的三条;

Step 6

摆入烤盘,送入提前预热
170 摄氏度的烤箱中层,
大约烤 15 分钟;

Step **7**

取出后冷却，并在裱花袋里隔热水融化一些黑巧克力；

Step **8**

取一块烤好的饼干条，在一端涂上一层黑巧克力；

Step **9**

把四条饼干用巧克力首尾相接成一个方形，放在桌上用手扶住固定一会；

Step **10**

将另外三条饼干用巧克力粘在四方形的内部，将四方形分成四等份；

Step **11**

固定好以后，把多余的面团再次擀开，整成方形，再切出九块小正方形，送入预热好的烤箱烤熟；

Step **12**

冷却之后涂抹一些巧克力，分别粘贴在已经固定好的饼干条上，把饼干盒分成12个小格即可，放一些自己喜欢的饼干进去，可爱的饼干盒就完成了。

小贴士

1. 如果想要把盒子拿起来，可以烤一块饼干作为盒子的底部；
2. 这个面团可以揉出一点面筋，因为太酥松的饼干非常易碎。

♥ 节日都是幸福的

拍摄思路

很多卡通形象都来自于日本的卡通书籍，机器猫更是卡通形象的典型，相信每个小朋友都想拥有一个机器猫。所以拍摄时，用机器猫作为主体，其他的小动物作为背景，原木的底托，让日式风格更加突出。背景加入了蓝色，画面有个补色的对比，这样整体的颜色就不会显得过于呆板。

摄影师 说

相机参数 ISO：200　快门速度：1/80　光圈：4

卡通饼干

材料： 参考分量：18 块左右

黄油	50 克
糖粉	30 克
鸡蛋	25 克
奶粉	15 克
低筋面粉	125 克

小贴士

天气比较冷的时候，可以用烤箱低温加热软化黄油，或者隔温水软化，但一定不要融化成液体。如果融化成液体，则用冰箱稍微冷藏，使其稍微凝固再使用。

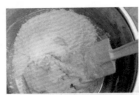

做法：

Step 1 黄油软化后加入糖粉搅打均匀；

Step 2 分次加入鸡蛋液，每次都要用打蛋器搅打均匀，至体积变得蓬松；

Step 3 筛入低筋面粉和奶粉，用刮刀切拌成无干粉的面团；

Step 4 放在案板上擀成薄片；

Step 5 用各种好看的卡通模具造型；

Step 6 摆入烤盘，烤箱上下火全开，预热 160 摄氏度，放到烤箱中层，烤大约 15 分钟，表面上色即可。

♥ 节日都是幸福的

拍摄思路

为了体现蜘蛛卡通的一面，这组片子拍摄时没有使用过于浓重的色彩搭配和影调，而是采取了相似色彩和柔和的光线进行拍摄。

相机参数 ISO：200 快门速度：1/80 光圈：5.6

摄影师 说

蜘蛛饼干

材料： 参考分量：16块左右

饼干部分

黄油	60 克
糖粉	35 克
鸡蛋	10 克
花生酱	50 克
低筋面粉	115 克

装饰部分

黑巧克力	适量
白巧克力	适量
麦丽素	适量

小贴士

1. 花生酱也可以用纯的榛子酱、开心果酱代替；

2. 装入黑巧克力的裱花袋外面再套一个不剪口的裱花袋，然后放在温水盆中保温，巧克力就不会容易凝固了。

做法：

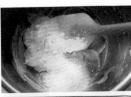

Step 1 黄油软化后放入盆中拌匀，加入糖粉，先用刮刀拌匀，再用手动打蛋器搅打均匀；

Step 2 先后加入鸡蛋液，搅打均匀；

Step 3 加入花生酱，搅打均匀；

Step 4 筛入低筋面粉，用刮刀拌均匀；

Step 5 把面团分成 15 克一个的小球，在手心揉圆然后按扁，摆入烤盘；在饼干中心压一个小坑；烤箱预热 160 摄氏度，烤箱中层上下火，烤 15~17 分钟；烤好之后冷却，然后融化一些黑巧克力装入裱花袋，挤在饼干小坑里，上面放一颗麦丽素；

Step 6 用黑巧克力在麦丽素两侧各画 4 条腿；再用白巧克力在麦丽素上画出眼睛，最后用黑巧克力点上眼珠即可。

♥ 节日都是幸福的

拍摄思路

最近几年由于雾霾的影响，天空一到冬季就是灰朦朦的。所以拍摄这组蓝精灵翻糖饼干，片子整体调子定位为高调摄影，逆光拍摄。但是请注意，逆光拍摄前一定要记得补光，这样拍出来的照片才会显得更阳光、更清新。

相机参数　ISO：100　快门速度：1/60　光圈：4

摄影师 说

翻糖蓝精灵饼干

材料： 参考分量：15 块左右

饼干部分

黄油	50 克
糖粉	25 克
鸡蛋	15 克
柠檬汁	少许
盐	少许
低筋面粉	105 克

装饰部分

翻糖膏	适量
食用色素	适量
黑巧克力	适量
白巧克力	适量

小贴士

1. 涂画眼睛的时候，可以把巧克力装入裱花袋中使用，也可以融化在碗中，用牙签沾着画；

2. 翻糖背面刷的清水是凉开水或者纯净水哦，因为要可以直接食用的。

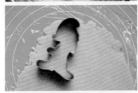

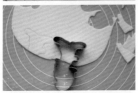

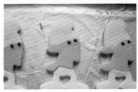

做法：

Step 1 饼干部分：黄油软化后放入盆中，拌匀，加入糖粉和盐，用手动打蛋器拌匀；分两次加入鸡蛋液，继续用手动打蛋器搅打均匀；加入一点点柠檬汁，拌匀；筛入低筋面粉，用刮刀翻拌成无干粉的面团；

Step 2 面团擀成薄片，用饼干模切割出蓝精灵的轮廓，摆入烤盘，再用配套的小模具切出腿间空隙。烤箱预热 175 摄氏度，上下火，中层，烤 15~20 分钟，待冷却。

Step 3 装饰部分：取一块白色的翻糖膏加入一点蓝色色素，揉成蓝色翻糖；

Step 4 擀成薄片，用模具切出身体部分，然后用小刀在上面画出两只手的轮廓；

Step 5 再取一块白色的翻糖膏擀成薄片，用模具切出帽子和腿的部分，去掉多余的边角；

Step 6 全部背面刷上一层清水，粘贴在饼干上，组合好；

Step 7 用白巧克力或白糖霜画出蓝精灵的眼睛，然后用黑巧克力画出蓝精灵的眼珠即可。

♥ 节日都是幸福的

拍摄思路

圣诞节每当看见姜饼小人的时候就会觉得好温暖。拍摄这组片子时，是下午5点左右，此时色温偏暖，白平衡没有做过多的校正，在姜饼小人的左侧补了一个暖色的反光板，画面整体呈现出一种温暖的色调。

相机参数 ISO：400　快门速度：1/60　光圈：4

摄影师 说

姜饼小人

材料： 参考分量：35 块左右

黄油	50 克
糖粉	50 克
低筋面粉	250 克
水	30 克
红糖粉	25 克
蜂蜜	35 克
鸡蛋	25 克
肉桂粉	1/4 小勺
姜粉	1 小勺

做法：

Step 1 把所有材料放入厨师机中，低速搅拌，直到成为光滑的面团（此面团不用担心出面筋）；

Step 2 将面团放入冰箱冷藏松弛 1 小时，取出后擀成 0.3 厘米厚的薄片；

Step 3 用各种喜欢的模具刻出饼干模型，比如姜饼小人、圣诞树、手套、铃铛，等等；

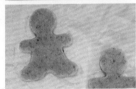

Step 4 切割好的饼干摆入铺了锡纸的烤盘，静置松弛 10 分钟；烤箱预热 180 摄氏度，上下火，放入烤箱中层，烤 10~13 分钟。

小贴士

1. 姜饼的水分很少，因此可以保存的时间比较久，如果加上蛋白糖霜做装饰，可以挂在家里作为装饰品；

2. 红糖非常容易结颗粒，所以用之前最好过筛或者用擀面杖擀碎，面团里才不会有大颗粒的红糖。

节日都是幸福的

拍摄思路

照片采用了比较柔和的侧光，整体的色彩搭配都凸显圣诞的气息。当拍摄物体本身是具有多种色彩的食物时，可以考虑同类色系的搭配，这样能较好地掌控画面的整体色彩。

相机参数　ISO：800
快门速度：1/60
光圈：5.6

摄影师 说

节日都是幸福的

圣诞糖霜饼干

糖霜饼干通常用来当做节日饼干，因为色彩斑斓又能存放很久，如同很精致的小书签或者小挂件，可以让家里的节日气氛保持得更久。虽然现成的饼干模具五花八门，但是总有些自己喜欢的样子，很难买到模具。不要紧，我这次就教大家自己做饼干模具。

材料： 参考分量：12 块左右

饼干部分

黄油	50 克
低筋面粉	110 克
鸡蛋	15 克
糖粉	35 克
香草精	几滴

蛋白糖霜部分

蛋白	1 个
糖粉	150 克
食用色素	适量

做法：

饼干烤制

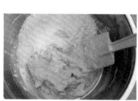

Step 1 黄油软化后加入糖粉，用橡皮刮刀拌匀；

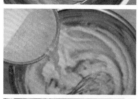

Step 2 分两次加入鸡蛋液，用手动打蛋器搅拌至鸡蛋完全吸收；

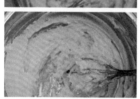

Step 3 加入几滴香草精，继续搅打均匀；

Step 4 筛入低筋面粉，用橡皮刮刀切拌成无干粉的面团；

Step 5 将面团放在案板上，用擀面杖擀成 0.3~0.5 厘米的薄片；

Step 6 用提前制作好的纸片饼干模，放在面片上，先用牙签勾出轮廓，然后取下纸片饼干模，用尖利的小刀刻出模型来，放入铺了锡纸的烤盘，中间稍微留出一定的距离；烤箱预热 170 摄氏度，上下火，烤网放在烤箱中层，烤 15 分钟左右。

7 Step 开始制作蛋白糖霜，将 1 个蛋白倒入容器中，保证容器内无油无水，然后用同样无油无水的电动打蛋器搅打蛋白；

8 Step 等蛋白开始出现丰富细腻的泡沫后，分次加入 150 克糖粉，直到用打蛋器提起糖霜，能缓慢地滴下为止；

9 Step 将蛋白糖粉分成 5 份，1 份保留白色，其余 4 份分别加入红色、绿色、蓝色、棕色等食用色素调色，然后分别装入裱花袋中；

涂画糖霜部分

10 Step 将裱花袋剪小口，等到饼干完全冷却后，根据自己的想象力，为这些图案画上漂亮的颜色。在饼干上画糖霜的方法：一般会先勾边，然后再去填涂中间的空白。如果要在一种颜色上画另一种颜色，要等前一种颜色的糖霜略微晾干；涂画好之后，将饼干放在烤网上，于通风处彻底晾干即可。这样的饼干能够保存得非常久，用来当做节日的小挂件也非常不错。

小贴士

1. 如果蛋白糖霜不够，按照比例继续制作就可以了；

2. 蛋白糖霜不使用的时候要密封冷藏保存，如果暴露在空气中，会很容易风干。

了解了糖霜的做法之后，大家知道这些可爱的雪人、圣诞树、雪花、糖果和花盆糖霜饼干是怎么一步步画出来的吧？也可以发挥你的想象力，做出风格完全不一样的糖霜饼干来。

❤ 节日都是幸福的

拍摄思路

这是一张俯拍图，在美食摄影中，俯拍是一种比较常见且容易出效果的拍摄手法。这款月饼造型比较传统，且表面有一些纹路和字体，所以在拍摄时运用较硬的光源能更好地勾勒出月饼的轮廓。拍摄时没有加入多余的道具就是为了突出月饼本身。

相机参数　ISO：200
快门速度：1/60
光圈：5.6

摄影师 说

蛋黄月饼

材料： 参考分量：50 克月饼模 14 块

饼皮

花生油	25 克
转化糖浆	85 克
普通面粉	100 克
碱水	1 克

馅料

红豆沙	适量
咸蛋黄	适量
其他蛋黄液	适量

其他

蛋黄液	适量

小贴士

1. 转化糖浆是糖＋水＋柠檬汁做成的不结晶的糖浆，是制作广式月饼必备的材料，沙琪玛里面也会用到哦；

2. 碱水可中和转化糖浆的酸性，也是让饼皮上色不可缺少的材料；碱水也可以自己制作，食用碱和水 1：4 的比例调配即可；

3. 超市里那种豆沙馅水分太多是不能包月饼的哦，水分过多的馅料在烘烤的时候，月饼会膨胀变形的。

处理咸蛋黄部分

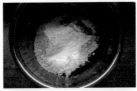

做法：

咸蛋黄在白酒中浸泡两小时，再放入预热 180 摄氏度的烤箱，烤五六分钟，不要全熟。

Step 1 转化糖浆、花生油和碱水倒入大碗中，搅拌均匀，筛入面粉，用手揉成光滑的面团，放入冰箱冷藏 1 小时；

Step 2 咸蛋黄称重，如果咸蛋黄重量是 10 克，那豆沙就取 25 克，将蛋黄包在豆沙内，揉圆；

Step 3 冷藏面团取出后分成 15 克一个的小圆球，然后在手心中按扁，将已经揉圆的豆沙蛋黄馅放在中间；

Step 4 一点点往上推饼皮直到均匀地包裹住内馅；

Step 5 在月饼球表面和模具内沾上一层面粉，磕去多余的面粉后，将月饼球放入模具内立在案板上，一手按住模具外轮廓，一手均匀往下推模具至底即可松手，然后将月饼推到手上取出；

Step 6 将整形好的月饼放入烤盘，均匀地喷上一点凉水，放入预热 200 摄氏度的烤箱，烤 7~8 分钟至月饼定型后取出，在表面刷上一层蛋黄液，再放入烤箱烘焙 15 分钟左右，至表面金黄即可。

节日都是幸福的

拍摄思路

冰皮月饼不是传统月饼,所以拍摄手法可以西式一些。光线为右侧光,在光源前放了一层纱用来柔化光线。画面的色彩搭配上,尽量不要有大对比的颜色,以邻近色系为主,从而使整体色彩柔和、圆润。

相机参数 ISO:400 快门速度:1/125 光圈:4

摄影师 说

冰皮月饼

材料： 50 克月饼模 12 块左右

饼皮

冰皮粉	200 克
温水	80 克
白油	20 克
抹茶粉	1 小勺
南瓜粉	1 小勺

馅料

水果馅	适量

小贴士

1. 冰皮粉是现成调配好的月饼粉，可以直接食用；

2. 没有白油可以换成软化的黄油；

3. 如果觉得 25 克月饼馅比较多不好包，可以适当减少。

做法：

1 Step
冰皮粉放入盆中，加入温水，用手揉成均匀的面团；

2 Step
加入白油，再次揉成光滑不粘手的面团；

3 Step
把面团分成两份，一份加入南瓜粉，一份加入抹茶粉；分别揉均匀，然后放入冰箱冷藏 20 分钟；

4 Step
取出后每种颜色都分成 25 克一个的小圆球；取一些现成的水果月饼馅，分成 25 克一个的小圆球；把冰皮小球放在手心按扁，然后包入一颗水果馅，由下往上推挤，最上面收口收紧，两种颜色都这样包好；

5 Step
揉圆，收口朝下放在撒了冰皮粉的案板上，用月饼模垂直压下去造型即可，做好的月饼放入冰箱冷藏之后口感更好。

拍摄思路

这张照片的 ISO 值偏高，因为拍摄的时候是阴天，天气不是很好，再加上三脚架没有在身边，所以我通过提高感光度来达到正常曝光。这组绿豆糕每一个花纹都不一样，拍摄时角度稍微高点，能让每一个面都体现出来。

相机参数　ISO：600　快门速度：1/125　光圈：8.0

摄影师 说

绿豆糕

材料： 参考分量：7~10 块

熟绿豆粉	蜂蜜	糖粉	纯净水	熟豆油
200 克	40 克	20 克	20 克	70 克

做法：

Step **1**

蜂蜜、糖粉、纯净水和熟豆油放入盆中拌匀；

Step **2**
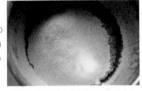
筛入熟绿豆粉；

Step **3**

用手抓成均匀的面团；

Step **4**
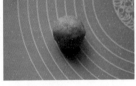
把面团分成 35~50 克大小的圆球；

Step **5**

揉圆之后放在案板上，用月饼模具压出形状。

小贴士

1. 如果是生绿豆粉，要炒熟才能用；

2. 大豆油也需要烧热，就是平时我们炝凉菜的那种热油，放凉后使用；

3. 模具上面写的是 10 头或者 50 克，就是可以制作最大 50 克一个的月饼或者绿豆糕。

节日都是幸福的

027

拍摄思路

相信每个同学都吃过桃酥吧，一口咬下去酥酥脆脆甜蜜蜜的。拍摄时就想，一定要拍得暖暖的让人有食欲。所以选用了橘色作为底色，整体画面偏暖，大家一定要把握好白平衡哦！对于美食，特写是凸显主题的最好拍摄手法，这张照片采用的就是特写拍摄。光线是侧后方硬光源，为的是勾勒芝麻的轮廓和体现桃酥的酥脆感。

相机参数 ISO：100 快门速度：1/250 光圈：5.6

桃酥

材料： 参考分量：9 块左右

中筋面粉	100 克
细砂糖	45 克
大豆油	55 克
鸡蛋	10 克
核桃碎	30 克
泡打粉	1/4 小勺
小苏打	1/8 小勺
鸡蛋（刷表面用）	适量
熟黑芝麻	适量

小贴士

1. 也可以省略核桃碎；

2. 如果省略泡打粉和苏打粉，口感会大打折扣，失去了桃酥蓬松的口感，建议不要省略；

3. 除大豆油外，也可以使用玉米油或者葵花籽油。

提前准备工作

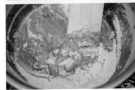

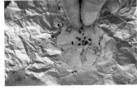

做法：

核桃仁提前 150 摄氏度烤熟、切丁备用；

1 Step　将大豆油、蛋液、细砂糖在容器中混合均匀；

2 Step　将面粉和泡打粉、小苏打混合均匀，筛入大豆油糊中，拌匀；

3 Step　加入核桃碎，翻拌成均匀的面糊；

4 Step　将面糊分成等量的小团，拿起来分别揉成小圆球，放在铺了锡纸的烤盘上；

5 Step　用手按扁，在表面刷一层鸡蛋液；

6 Step　撒上一些烤熟的黑芝麻，烤箱预热 180 摄氏度，上下火，放入烤箱中层，大约烤 15 分钟，表面金黄即可。

♥ 节日都是幸福的

CHEFMADE 学厨 ®

　　Chefmade 学厨主打创新实用、坚固厚重、高端美观的家庭烘焙模具产品，模具涂层用瑞士进口 ILAG 高端涂层，材质选用健康坚固的碳钢材料。针对中国烘焙市场推出一系列的高端家庭烘培用品，随着人们生活方式的品味越来越高，Chefmade 的一系列产品得到了广大中国消费者的认可和追捧！

Professional 专业不粘模具系列

　　选用高品质重型钢材，结合一体冲压成型工艺，使模具拥有无与伦比的刚性，长期使用不变形。瑞士进口的 ILAG 香槟色不粘涂料，独特的三层喷涂处理工艺，成就涂层的超强耐磨与不粘性能，脱模轻松简单。

烘焙师推荐：

　　学厨的模具是我现在在烘焙时用得最多的模具，除了因为种类超全之外，它的品质也非常好。它是那种即使不拆开包装盒，光掂着就会觉得很有分量的模具。对于烘焙模具的选择，我很谨慎，毕竟是自己要吃的东西，万一材质不好，或者涂层里有什么有害物质，那怎么敢给家人朋友吃？所以对于大品牌的信赖，也是因为它们细节之处都比我们想得周到。

　　从烤蛋糕卷的黄金烤盘到马卡龙烤盘、从中空戚风模到费南雪模、从晾网到关东刀……林林总总，我的厨房里少说也有十几件它们家的东西。而除了模具，其实学厨也有电子秤、温度计、筛网、岩板等各种烘焙工具。我把我喜欢的模具推荐给读者朋友，因为它值得信赖。

It's Good!

Part

2

第一次

简单才是真美味

· ·

对于刚刚接触烘焙的人来说，摸不着头脑的情况会经常发生。比如拿捏不准烤箱的温度、分不清楚细砂糖和糖粉的区别、搞不清楚模具的使用方法，等等。而第一次做的点心，也必须是成功率高的才好，因为这样才能鼓舞我们热爱上烘焙的心啊。那么既简单又好吃的糕点有没有呢？当然有了！

这一章收录的就是既简单又美味的糕点，有饼干、有蛋糕、还有面包。几乎都是混合所有食材，就能够做成功的糕点。

给你一点信心，你就能打通烘焙界的任督二脉！

拍摄思路

早餐一定要吃得天然、健康，充满阳光的味道。所以拍摄时也融入了这样的理念，要有阳光、有腔调。这里没有刻意柔化光线，用了直射的硬光源来体现阳光的味道，通过井字构图来凸显主体。色彩上依然是邻近色系搭配。

 相机参数 ISO：100 快门速度：1/60 光圈：4

摄影师 说

核桃燕麦饼

材料： 参考分量：18 块左右

低筋面粉	75 克
燕麦片	50 克
细砂糖	15 克
红糖	25 克
核桃碎	35 克
黄油	60 克
蜂蜜	15 克
小苏打	1/4 小勺

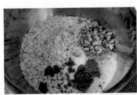

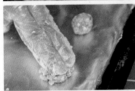

做法：

1 Step
核桃提前用烤箱 150 摄氏度烤出香味，放凉备用；将燕麦片、细砂糖、红糖、核桃碎放入容器中拌匀；

2 Step
筛入低筋面粉和小苏打用刮刀拌均匀；加入蜂蜜，再加入隔水融化成液体的黄油，搅拌均匀，直至呈比较松散的状态；

3 Step
取一小块面团用手按成圆球（每块都要等量大小，烘烤的时间才会一样），然后放在烤盘上压扁；

4 Step
烤箱预热 160 摄氏度，上下火，放在烤箱中层，大约烤20 分钟即可。

小贴士

1. 按压的时候，一定要中间略薄，因为饼的四周上色快。如果四周薄中间厚的话，可能四周已经焦黄，而中间还没熟；

2. 核桃碎也可以换成其他坚果碎，或者在其中加入一些蔓越莓干，更有滋味；

3. 红糖容易结颗粒，用之前可以用擀面杖擀碎。

简单才是真美味

拍摄思路

在拍摄表面有许多小颗粒物的食品时，一定要从光线上体现颗粒物的质感。所以这里采用侧逆光的硬光源来凸显椰子球的颗粒感，构图上运用前景做烘托，起到视觉上的引导。

相机参数　ISO：100　快门速度：1/125　光圈：4

摄影师 说

香浓椰子球

材料：参考分量：30 块左右

低筋面粉	80 克
黄油	80 克
椰蓉	80 克
鸡蛋液	27 克
细砂糖	45 克
沾裹椰蓉	适量

小贴士

1. 面糊里面可以放入提子干、蔓越莓干或者坚果碎，会更有滋味哦；

2. 面团按扁可以做成椰蓉饼，也同样美味；

3. 椰蓉推荐使用无糖椰蓉，尽量选择大品牌，因为椰蓉质量的好坏直接影响饼干的口感。

做法：

1 Step　黄油软化后加入细砂糖搅打至颜色变浅、体积蓬松，分次加入鸡蛋液，每次都搅打均匀；

2 Step　筛入低筋面粉，再加入椰蓉，用刮刀切拌均匀；

3 Step　用手取面糊，揉成大小一致的小球；

4 Step　在小球表面刷一层全蛋液；

5 Step　再沾裹一层椰蓉，放入铺了锡纸的烤盘；

6 Step　烤箱预热 170 摄氏度，上下火，放在烤箱中层，大约烤 20 分钟，表面金黄即可。

香浓核桃饼干

材料： 参考分量：35 块左右

黄油	70 克
糖粉	40 克
鸡蛋	15 克
低筋面粉	110 克
核桃仁	35 克
香草精	适量

小贴士

1. 核桃仁也可以换成其他坚果，如果是生的，同样要先烤熟再使用；

2. 也可以加入葡萄干、蔓越莓干等果干，可以提前用朗姆酒或者牛奶浸泡后，沥干水分再使用，以增加风味。

做法：

Step 1 黄油软化后加入糖粉，用刮刀刮拌均匀；分两次加入鸡蛋液，每次都要刮拌均匀；

Step 2 再加入香草精，翻拌均匀；

Step 3 筛入低筋面粉，用刮刀切拌成均匀的面糊；

Step 4 核桃仁提前用烤箱 150 摄氏度烤出香味，冷却后，略切碎，加入拌好的面糊中，拌匀；

Step 5 将面糊放入保鲜袋后，装入木质方形模具中，用手压实（如果没有专用模具，可以用空的保鲜袋盒子），然后放入冰箱冷冻 1 小时以上；

Step 6 取出冷冻面团切薄片，烤箱预热 165 摄氏度，上下火，放在中层，烤 15~18 分钟，表面上色即可。

简单才是真美味

摄影师 说

朗姆椰蓉提子麦芬

材料： 参考分量：中号纸杯 8 个

黄油	100 克
鸡蛋	2 个
低筋面粉	120 克
泡打粉	1 小勺
糖粉	75 克
椰蓉	60 克
牛奶	80 克
朗姆酒浸泡的提子干	适量

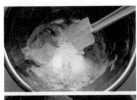

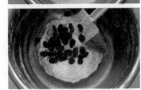

小贴士

1. 朗姆酒浸泡过的提子干更有风味，浸泡 1 小时以上，放入面糊前用纸吸干表面水分。如果没有朗姆酒可以省略，用清水浸泡也可以；

2. 分次加入面粉、椰蓉和牛奶，是为了让面糊每次都能搅拌得更均匀一些。

做法：

Step 1 黄油软化后，加入糖粉，搅拌均匀；

Step 2 分 7~8 次加入两个鸡蛋液，每次都要搅匀；将低筋面粉和泡打粉混合过筛，加入 1/3 到黄油糊中，再加入 1/2 的椰蓉，用橡皮刮刀由下往上翻拌成均匀的面糊；

Step 3 继续加入 1/2 的牛奶，翻拌到牛奶被均匀吸收；加入剩余 2/3 的面粉和 1/2 的椰蓉，用橡皮刮刀翻拌均匀；最后再放入剩下 1/2 的牛奶，切拌到牛奶被均匀吸收；

Step 4 拌好面糊后，放入用朗姆酒浸泡过的提子干，略微翻拌；

Step 5 把面糊装入裱花袋，剪一个圆口，将面糊挤入小纸杯中，表面撒些椰蓉，大约 8 分满，烤箱预热 180 摄氏度，上下火，烤网放在烤箱中层，大约烤 25 分钟，至表面金黄即可。

简单才是真美味

拍摄思路

拍摄这张照片，通过木头古朴的纹理和直射的光线，来体现黑芝麻咸饼干的手工感。周围散落的黑芝麻让整个画面更显灵动。

相机参数　ISO：600　**快门速度**：1/125　**光圈**：2.8

黑芝麻咸饼干

材料: 参考分量: 25 块左右

黄油	鸡蛋	低筋面粉	细砂糖	熟黑芝麻	盐	泡打粉
50克	25克	100克	5克	20克	2克	1/4 小勺

做法:

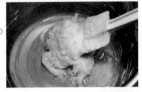

Step 1

黄油软化后加入细砂糖和盐, 用刮刀拌匀, 再用手动打蛋器搅打均匀;

Step 2

分次加入鸡蛋液, 用打蛋器搅拌均匀;

Step 3

将低筋面粉和泡打粉混合筛入黄油糊中;

Step 4

倒入黑芝麻, 用刮刀由下往上翻拌均匀;

Step 5

将面糊装入保鲜袋中, 再放入木质方形模具中整形 (也可以利用保鲜袋的盒子来整形), 放入冰箱冷冻1小时;

Step 6

将冷冻面团取出切薄片, 摆入铺了锡纸的烤盘; 烤箱预热180摄氏度, 上下火, 放在烤箱中层, 大约烤15分钟。

小贴士

1. 黑芝麻也可以换成白芝麻, 不过一定要用熟的;

2. 加入肉松末可以增加口感, 但不宜过多, 10克为宜, 太多容易使面团过干。

简单才是真美味

拍摄思路

在拍摄这个蛋糕时，主要想体现一种轻早餐的感觉和表现蛋糕内部的一些质感和元素，所以拍摄时就把它切开了。这样的角度大家有没有觉得里面的材料都看得很清楚。在拍摄蛋糕时大家可以尝试几个不同的角度。在光线上用侧光加了一层纱布柔和光线。

相机参数　ISO：100　快门速度：1/80　光圈：4.0

摄影师 说

樱桃蓝莓磅蛋糕

材料： 参考分量：15 厘米 X 7.5 厘米 X 6.5 厘米模具一个

鸡蛋	2 个
细砂糖	45 克
大豆油	50 克
牛奶	30 克
低筋面粉	100 克
泡打粉	1 小勺
樱桃干	15 克
蓝莓干	15 克

小贴士

1. 大豆油也可以换成玉米油、葵花籽油、亚麻籽油等没有特殊气味的植物油；

2. 樱桃干和蓝莓干使用前要用清水浸泡一段时间，让它们吸收水分，然后再沥干使用，口感最好；尤其是撒在表面的果干，泡水之后再使用，可以避免表面被烤焦。

做法：

Step 1 鸡蛋液放入盆中，加入细砂糖，用手动打蛋器搅拌均匀；

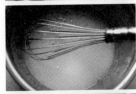

Step 2 加入大豆油和牛奶，继续搅打均匀；

Step 3 将低筋面粉和泡打粉混合筛入上面的糊中，用打蛋器或者刮刀翻拌均匀；

Step 4 加入樱桃干和蓝莓干，翻拌均匀，蛋糕糊就做好了；

Step 5 在模具中涂抹一层软化的黄油，再倒入一些面粉，轻磕模具并晃动四周，使每个表面都沾上一层薄薄的面粉，将多余的面粉磕出来；

Step 6 把蛋糕糊倒入模具中，在表面撒一些樱桃干，烤箱预热170 摄氏度，上下火全开，放在烤箱中层，大约烤40分钟，表面金黄即可。

拍摄思路

这是在摄影课堂上来自山东的学员刘捷拍摄的。拍摄构想：照片整体想要体现美式的粗犷感，所以在色调上用暗色系，选择一些金属质感的餐具，用巧克力酱和巧克力豆营造氛围。照片出来的效果是不是挺有那种美式厨房的感觉？

相机参数 ISO：800 快门速度：1/60 光圈：2.8

摄影师 说

巧克力大曲奇

材料： 参考分量：11 块

黄油	60 克
细砂糖	40 克
红糖	10 克
低筋面粉	115 克
可可粉	10 克
小苏打	2 克
盐	1 克
淡奶油	50 克
耐烤巧克力豆	50 克
装饰用耐烤巧克力豆	适量

小贴士

1. 这款曲奇是软曲奇，如果烤的时间过久，就变成脆曲奇了；

2. 小苏打不可省略。

做法：

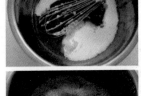

Step 1 黄油隔热水融化成液体，加入细砂糖、红糖和盐拌匀；

Step 2 加入淡奶油再次搅拌均匀；

Step 3 筛入低筋面粉、可可粉和小苏打；

Step 4 拌匀后加入耐烤巧克力豆，再次用刮刀翻拌均匀即可；

Step 5 把面团揉成直径 2 厘米的小圆球，放在烤盘上，然后略微按扁，表面再撒上几颗耐烤巧克力豆装饰，再送入提前预热好 190 摄氏度的烤箱中层，大约烤 9 分钟。

简单才是真美味

拍摄思路

也许大家经常会遇到各种小饼干的拍摄，怎么摆放都不好看，都显得很单薄。一般在拍摄这类薄片的饼干时，布景上可以把主体叠加起来，或者集中放在某个盛器里，这样拍摄主体集中，视觉中心也很明确。这张照片采用了对比色拍摄，色彩对比强烈。

相机参数 ISO：800 **快门速度：**1/60 **光圈：**2.8

芝麻薄脆

材料： 参考分量：10 片左右

蛋白	1 个
细砂糖	25 克
低筋面粉	12 克
白芝麻	33 克
黄油	17 克

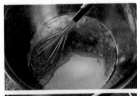
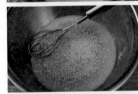
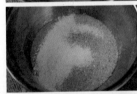

做法：

1 Step 蛋白打散后加入细砂糖，用手动打蛋器搅拌均匀，不要打出太多气泡；

2 Step 加入白芝麻搅拌均匀；

3 Step 筛入低筋面粉，用刮刀搅拌均匀；

4 Step 将隔水融化成液体的黄油倒入，再次搅拌均匀；

5 Step 将面糊用小勺舀在高温油布上，摊开成圆形；烤箱预热160 摄氏度，上下火，放在烤箱中层，大约烤20 分钟。

小贴士

1. 白芝麻也可以换成黑芝麻，先用烤箱 150 摄氏度烤熟；

2. 出炉后趁热将薄片贴在擀面杖上，即可做成有弧度的造型。

简单才是真美味

巧克力玛德琳

材料： 参考分量：30 个左右

低筋面粉	50 克
黄油	55 克
可可粉	10 克
鸡蛋	1 个
细砂糖	40 克
巧克力酱	10 克
泡打粉	1/2 小勺

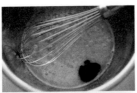

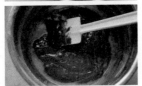

做法：

Step 1 鸡蛋在盆中打散，用手动打蛋器略微搅匀，不要打出太多气泡；加入细砂糖，搅拌均匀；加入巧克力酱，搅拌均匀；

Step 2 将低筋面粉、可可粉、泡打粉混合筛入鸡蛋糊中，用橡皮刮刀由下往上翻拌成均匀细腻的面糊；

Step 3 将黄油放在小碗中，隔热水融化成液体；

Step 4 融化好的黄油趁温热倒入拌好的面糊中，用刮刀翻拌均匀；把面糊放入冰箱中冷藏1 小时，让面糊变得浓稠，取出后用刮刀再翻拌一下；

Step 5 将面糊装入裱花袋中，剪小圆口，挤入模具中，每个大约八分满；烤箱预热 190 摄氏度，上下火，烤网放在烤箱中层，大约烤 15 分钟。

小贴士

1. 如果不是防粘模具，装入面糊之前需要在内部涂抹一层软化的黄油；

2. 没有巧克力酱的话，可以融化一些黑巧克力代替。

★ 简单才是真美味

拍摄思路

用自然光来拍摄静物感觉就是靠天吃饭的，拍摄这组照片时，刚好太阳出来了，因为光线直射到物体上光比太大了，所以用纱帘做了一个光线的柔化处理。因为纱帘的遮挡产生出一种午后阳光下午茶的既视感。

相机参数　ISO：200　快门速度：1/100　光圈：4

摄影师 说

红丝绒曲奇

材料： 参考分量：图中烤盘 1 盘

黄油	110 克
糖粉	20 克
盐	1 克
高筋面粉	50 克
低筋面粉	63 克
红曲粉	3 克
全脂奶粉	12 克

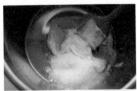

做法：

1 Step 黄油软化后加入糖粉和盐，先用刮刀拌匀，再用手动打蛋器搅打均匀；

2 Step 筛入高筋面粉、低筋面粉、红曲粉及全脂奶粉；

3 Step 用刮刀拌成均匀的面糊；

4 Step 装入裱花袋中，挤在不粘烤盘上。送入提前预热 165 摄氏度的烤箱中层，烤 13~15 分钟。

小贴士

1. 我用的是小号樱花嘴；
2. 红曲粉品牌不同，颜色略有差异。

简单才是真美味

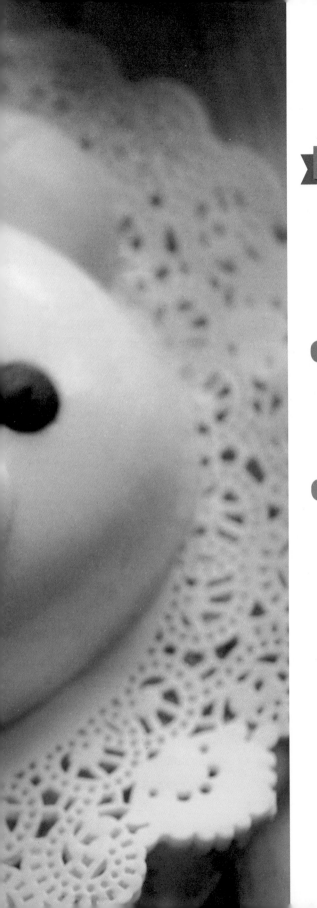

也许你想尝试更多的类型

拍摄思路

拿到这个小熊蛋糕时，我采用了俯拍的角度来展现蛋糕的全貌。因为蛋糕颜色比较素，所以背景加入了一个小碎花的衬布，采用柔和的侧光，希望注入一些柔美的气息。

相机参数

ISO：800
快门速度：1/125
光圈：5.6

简单才是真美味

轻松熊桃子慕斯

材料: 参考分量: 6寸一个

淡奶油	150 克
酸奶	150 克
桃子	2 个
糖粉	20 克
纯净水	40 克
吉利丁片	2 片
黑巧克力	适量

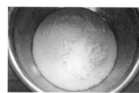

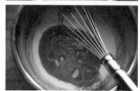

做法:

制作桃泥

1 Step 洗干净两个中等个头的桃子,去皮后切片,放入料理机中打成果泥,然后放入碗中备用;酸奶倒入盆中,加入糖粉,用手动打蛋器顺着一个方向搅拌均匀;

2 Step 加入桃子泥,继续搅拌均匀;

制作慕斯糊

3 Step 把吉利丁片放入装了纯净水的小碗中泡软,然后隔热水融化成液体;等到吉利丁液冷却到不烫手,留出 5 克来备用,然后把剩余的液体倒入搅拌好的酸奶糊中,继续搅拌均匀;

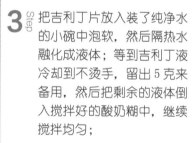

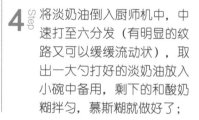

4 Step 将淡奶油倒入厨师机中,中速打至六分发(有明显的纹路又可以缓缓流动状),取出一大勺打好的淡奶油放入小碗中备用,剩下的和酸奶糊拌匀,慕斯糊就做好了;

5 Step 取一些黑巧克力切碎装入裱花袋中，然后放在热水中融化，在裱花袋前面剪一个小口，取出轻松熊硅胶模具，把巧克力液挤在鼻子嘴巴部分（就是最下面的"人"字形部分），然后放入冰箱冷冻几分钟；

6 Step 将之前预留的淡奶油糊和吉利丁液混合到一起，取出冷冻好的模具，把拌匀的奶油糊舀入熊的鼻子部分（就是"人"字形上面突出的那部分）；继续放入冰箱冷冻几分钟，然后取出，将慕斯糊倒入模具中，轻磕一下模具，使蛋糕表面平整，然后放入冰箱冷藏4小时以上。

 小贴士

1. 如果桃子不够甜，可以在配方中再多加10克糖粉；

2. 用来泡软吉利丁片的冷水如果还要加热使之融化成液体，那就一定要用纯净水，因为这是要直接吃的。

脱模后用融化成液体的黑巧克力挤在熊的眼睛部分，挤满即可，待巧克力凝固就可以食用啦！

拍摄思路

这是一组窗台蛋糕的拍摄。以白色的纱窗作为背景元素，光线为侧光，画面整体呈现一种柔和、淡雅的感觉。我们在拍摄类似照片时，一定要注意各个物体之间色彩的搭配和光线的运用。

相机参数　ISO：200　快门速度：1/80　光圈：6.3

香蕉小方糕

材料： 参考分量：20 厘米 X20 厘米方形烤盘一个

鸡蛋	2 个
低筋面粉	100 克
香蕉	1 根
大豆油	50 克
细砂糖	50 克
泡打粉	1/2 小勺
椰丝	适量

做法：

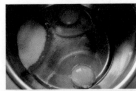

1 Step 鸡蛋、细砂糖和大豆油一起放入盆中，用手动打蛋器搅打均匀；

2 Step 将低筋面粉和泡打粉混合筛入上面拌好的糊中，用刮刀翻拌成均匀的面糊；

3 Step 把面糊倒入铺了油纸的方形烤盘中；

4 Step 在表面均匀地摆上一些香蕉片，最后再撒上一些椰丝即可；烤箱预热 170 摄氏度，上下火全开，放在烤箱中层，大约烤 25 分钟，表面金黄即可。

小贴士

1. 也可以在面糊中加入一些椰蓉，增加椰子的香气和口感；

2. 大豆油可以换成其他没有特殊气味的植物油。

简单才是真美味

拍摄思路

这是一组暗色系的美食拍摄，近年来特别流行。在拍摄时要记住，拍摄主体的曝光一定要正常。为了体现面包的整体感而采用了俯拍的角度；拍摄时还要注意各个物体之间的位置。

相机参数　ISO：800　快门速度：1/60　光圈：2

摄影师 说

蜂蜜小餐包

材料： 参考分量：16 个

高筋面粉	250 克
蜂蜜	50 克
细砂糖	5 克
盐	1/2 小勺
酵母	3 克
牛奶	125 克
鸡蛋	35 克
黄油	25 克
花生碎	适量

小贴士

1. 第二次发酵可以在烤箱里选择低温发酵功能，然后放入一碗热水来保持湿度即可；

2. 如果烤吐司的话，第一次发酵完成后就可以直接选择烘烤程序，35 分钟即可。

做法：

Step 1 把除黄油以外的其他食材全部放入面包机中；

Step 2 选择揉面功能，大约 30 分钟，完成后放入软化的黄油；

Step 3 再次选择一个揉面程序，结束后直接选发酵程序，时间大约设定为一个半小时，直到发酵至面包桶的八分满；

Step 4 发酵完成后取出面团在案板上按扁排气，排出所有空气后平均分成 16 个小团；

Step 5 小团揉圆，放在黄金烤盘上，面团之间留一定距离，放在温暖湿润处发酵至 2 倍大；

Step 6 在面团表面刷一层蛋液，然后撒一些花生碎；烤箱预热 170 摄氏度，上下火，放在烤箱中层，大约烤 20 分钟至表面金黄即可。

简单才是真美味

ACA

高颜值厨师机

品牌: ACA/北美电器
型号: PE1210A
颜色: 粉红色　　**容量:** 6.2L
净重: 8KG　　　**功率:** 1200W
食物接触材质: 304不锈钢
ABS档位: 10档无极飞梭+点动
功能: 和面出膜、搅拌；打发蛋清、黄油；绞肉、面条、灌肠等

绞肉

搅拌、果汁

面条

和面

扫码购买

 店铺 ∨ aca雷哥专卖店

烘焙师推荐:

　　我推荐这款厨师机的原因有三个：第一，粉色的机身，特别仙，感觉自己的厨房都变得生动起来。作为外貌党，颜值也是我考虑厨师机的一个因素；第二，容量比较大，功能也很全面，在百元价位的厨师机中，性价比非常高。烘焙中常用的揉面和打发功能，都表现不错；第三，附加功能也比较多，比如压面条和灌肠等，可以通过配件来实现。最重要的是，完全可以满足家庭烘焙的需求。特别要说的是，对于女生来说，这款厨师机机身很轻巧，搬起来毫无压力，在哪里使用都很方便。

It's Good!

这款厨师机适用于本书的所有食谱

Part **3**

提升

烘焙全勤奖得主就是我

当你经历了每天烤点心到凌晨的狂热期后，想必你的基础经验也累积了不少吧。身边的亲朋好友轮番吃遍，是我们手艺成长的必经之路。直到有一天，你老公老妈看着出炉的点心，兴趣索然地说："我是真的吃撑了……"

我的经验跟大家一样，虽然吃吐了身边的人和自己，但是热爱烘焙的心是停不下来的呀！从简单的喜欢，到开始买书、研究配方，简直忙得不亦乐乎。渐渐不满足于简单的糕点，而是希望向更难的甜品挑战。这么敬业地爱着烘焙，必须给个全勤奖吧！

彩虹蛋糕卷

材料：参考分量: 20厘米x20厘米方形烤盘一个

蛋糕体部分

鸡蛋	2个
细砂糖	40克
大豆油	30克
水	30克
低筋面粉	40克
红、黄、蓝、绿色素	各适量

夹馅部分

淡奶油	适量
细砂糖	适量

小贴士

1. 如果喜欢夹心有水果，奶油里面也可以放一些水果片；

2. 蛋糕糊混合好以后要尽快入烤箱，如果不马上用，需先放冰箱冷藏。

做法：

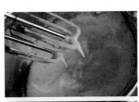

Step 1 鸡蛋分成蛋白和蛋黄，分别打入盆中，装蛋白的盆要无油无水，用电动打蛋器低速搅打，直至蛋白呈粗泡状；加入1/3的细砂糖，中速搅打至提起打蛋器蛋白仍能缓缓落下的状态；再加1/3细砂糖，中速搅打至提起打蛋器会出现长的、较软的倒三角；加入剩余1/3的细砂糖，打发至提起打蛋器能够拉出一个硬的倒三角形，翻转容器后泡沫依然坚挺，然后放入冰箱冷藏；

Step 2 蛋黄打散，加入水和大豆油拌匀，筛入面粉，拌匀，舀一半蛋白加入蛋黄糊中拌匀；

Step 3 再将糊倒入蛋白中，迅速拌匀；

Step 4 蛋糕糊分成4份，分别加入红、黄、蓝、绿四种色素，翻拌均匀；

Step 5 分别将蛋糕糊装入裱花袋，挤在铺了油纸的方形烤盘内，烤箱预热180摄氏度，上下火，烤网放中层，约烤15分钟(牙签插入不粘即可)；取出倒扣晾凉，撕下背面油纸；

Step 6 打发一些淡奶油，将冷却的蛋糕翻转过来，涂抹在蛋糕上，将蛋糕卷起来，放入冰箱冷藏2小时就可以切片吃啦！

拍摄时想营造一种梦幻优雅的感觉，所以在配色上选择了同类色的搭配，高调拍摄，粉色衬布在曝光上过曝1/3档。整个画面的构图为中央重点构图。

相机参数 ISO：100
快门速度：1/60
光圈：4

摄影师 说

冻樱花芝士慕斯

材料： 参考分量：15 厘米 X15 厘米慕斯模一个

饼干底部分			芝士慕斯部分			樱花镜面部分	
消化饼干	75 克		奶油奶酪	125 克		樱花	10 克
黄油	35 克		淡奶油	125 克		冷水	200 克
			牛奶	90 克		吉利丁片	1 片
			细砂糖	30 克		朗姆酒	5 克
			吉利丁片	2 片		细砂糖	15 克
			冷水	60 克			

做法：

Step 1

用锡纸包住慕斯模底部和四周，压紧；

Step 2

将消化饼干放入保鲜袋中，用擀面杖擀成粉末状，装入小碗中；

Step 3

将黄油隔水加热融化成液体，倒入饼干碎中，用刮刀翻拌均匀；

Step 4

将混合好的饼干碎倒入慕斯模中，铺均匀，用刮刀压实，放入冰箱中冷藏；

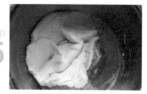

Step 5

将奶油奶酪切小块放入盆中，隔热水软化至用刮刀可以按压出柔软的小坑来；

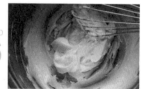

Step 6

继续隔着热水，用手动打蛋器顺着一个方向搅打奶油奶酪，使其变得光滑；

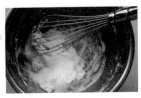

Step 7

加入细砂糖，继续搅打均匀；

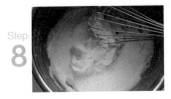

Step 8

分2次加入牛奶，顺着一个方向继续搅打均匀；

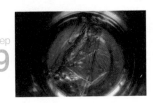

Step 9

将吉利丁片放入装有冷水的小碗中，泡软后，隔热水融化成液体；

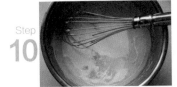

Step 10

冷却到不烫手以后，把吉利丁液倒入奶油奶酪糊中，搅拌均匀；

Step 11

将淡奶油倒入盆中，用电动打蛋器打至七分发，开始出现纹路即可（提起打蛋器，滴落的淡奶油可以形成纹路，保持几秒钟不消失）；

Step 12

打好的淡奶油倒入奶酪糊中，翻拌均匀，芝士慕斯糊就做好了；取出慕斯模，把盆中的芝士慕斯糊倒入其中，放入冰箱冷藏4小时以上；

Step 13

将吉利丁片放入装了冷水的小锅中，变软后加入细砂糖，然后放在小火上，加热至细砂糖和吉利丁片融化；

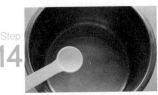

Step 14

离火后稍微冷却，加入朗姆酒，搅拌均匀；

Step 15

将提前泡好的樱花放入液体中，取出冷藏好的慕斯糊，把液体缓缓倒在上面（可以用筷子调整一下樱花的位置），再次放入冰箱冷藏2小时即可。

小贴士

1. 盐渍樱花可以在淘宝上买到，最好提前一晚浸泡；

2. 吉利丁片是一种从鱼骨中提炼出来的天然胶质，也可以在网上购买。

拍摄思路

拍摄这张照片时，不希望颜色过于统一而显得单调，所以在颜色的选择上运用了补色对比：黄色和蓝色并置。45度的拍摄角度让画面看起来更有纵深感。

相机参数 ISO：200 快门速度：1/250 光圈：4

摄影师 说

橙子挞

材料：
参考分量：图中 4 寸挞模两个

挞皮
黄油	30 克
细砂糖	10 克
低筋面粉	50 克

挞液
鸡蛋	60 克
细砂糖	45 克
橙汁	20 克
椰浆	40 克
玉米淀粉	10 克

小贴士

1. 橙汁可以换成柠檬汁；

2. 椰浆可以换成淡奶油；

3. 放黄豆是为了避免挞皮底部膨胀隆起，干净的小石子也可以。

做法：

Step 1 制作挞皮：把已经软化的黄油放入厨师机中，加入细砂糖，搅拌到顺滑，再筛入低筋面粉，搅拌到没有干粉成团即可；

Step 2 将面团放在案板上擀成薄片，准备两个挞模，在底部及四周涂抹一层软化的黄油，将擀好的面皮倒扣在挞模上，向挞模内压实，去掉四周多余的面皮；

Step 3 用叉子在挞皮底部扎一些均匀的小孔；

Step 4 制作挞液：鸡蛋在盆中打散，加入细砂糖，用手动打蛋器搅拌均匀；分别加入橙汁和椰浆，搅拌均匀；筛入玉米淀粉，搅拌均匀，即成挞液；

Step 5 放一些黄豆在挞皮内压实，送入预热好的 170 摄氏度的烤箱烘烤 8 分钟，至表面上色，然后取出黄豆；

Step 6 将挞液倒入挞模内，继续用 170 摄氏度的烤箱烘烤 15 分钟左右，至挞液凝固，表面上色即可。

拍摄思路

我一直都觉得曲奇是属于早餐和下午茶的。在拍摄时想体现一种干净明亮的感觉，所以在场景搭建的时候，选择了很多相同颜色不同质感、不同形状的容器。这样让画面层次更丰富，让观看图片的人有更多的共鸣。大家有没有发现我一直在强调我想体现一个什么样的场景，我想表达一个什么样的氛围。没错，其实很多照片拍摄都是摄影师生活的一种浓缩和心情的写照。根据我们所想体现的情感和场景氛围，在拍摄前期，我们所有的准备工作都是围绕着它们进行搭建。

相机参数 ISO：800 **快门速度：** 1/100 **光圈：** 5.6

摄影师 说

咖啡小花曲奇

材料： 参考分量：

蛋糕部分

黄油	110 克
糖粉	22 克
盐	1 克
高筋面粉	50 克
低筋面粉	63 克
韩国咖啡酱	4 克
调配咖啡液	3 克
全脂奶粉	12 克

小贴士

1、如果没有韩国咖啡酱可以省略，或者换成等量的调配咖啡液，但咖啡味会略淡；

2、黄油要软化彻底，到手指可以轻松地按压一个洞，做出来的面糊才不会挤不动。

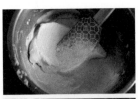
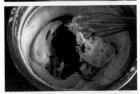
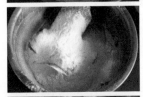

做法：

Step 1 黄油软化后放入盆中，加入糖粉和盐，先用刮刀拌匀，再用手抽或者电动打蛋器搅打均匀；

Step 2 加入韩国咖啡酱和调配咖啡液，用刮刀拌匀；

Step 3 筛入高粉、低粉、奶粉，用刮刀翻拌成均匀的面糊；

Step 4 把拌好的面糊装入放了裱花嘴的裱花袋中，挤在烤盘上；烤箱预热 170 度，上下火，放在烤箱中层，大约烤 12 分钟。

拍摄思路

其实盒子蛋糕在拍摄时不太好表现。因为它是用盒子装着的，所以在拍摄时要考虑保留盒子，角度可以选择俯拍或者45度角。温馨提示：拍摄时水果一定要是刚刚放上去的，不然看起来就会不太新鲜哦。

摄影师 说

相机参数　ISO：400　快门速度：1/125　光圈：5.6

水果盒子蛋糕

材料： 参考分量：2个

蛋糕部分

大豆油	32 克
酸奶	55 克
细砂糖	40 克
低筋面粉	55 克
鸡蛋	3 个

夹馅及装饰部分

淡奶油	150 克
细砂糖	12 克
香草精	少许
柠檬汁	少许
新鲜水果丁	适量

做法：

1 Step
首先来制作一个蛋糕卷（见彩虹蛋糕卷的做法），放凉后，用盒子切出需要的大小；

2 Step
在盒子底部铺上一片蛋糕，然后挤上一层打发的淡奶油；

3 Step
放上一层芒果丁和火龙果丁，再在表面上盖上一层淡奶油；

4 Step
再盖上一片蛋糕，表面再挤上一层打发的淡奶油；

5 Step
放上切好的芒果丁和火龙果丁即可。

小贴士
1. 淡奶油打发的时候，除了加入细砂糖以外，还可以加入适量的香草精、朗姆酒以及柠檬汁，口感更加丰富；
2. 表面的水果不要切得太碎。

苹果派

材料： 参考分量：8 寸派盘一个

派皮

无盐黄油	65 克
低筋面粉	125 克
鸡蛋	25 克
糖粉	45 克
杏仁粉	25 克
盐	1/2 小匙

苹果馅

苹果	2 个
黄油	5 克
细砂糖	60 克
柠檬	半个

小贴士

1. 苹果也可以换成其他水果，比如梨、香蕉，等等；

2. 此款苹果派不是酥皮类点心，所以不用折叠酥皮，非常简单，但味道不错。

做法：

1 Step　黄油软化后加入糖粉，用刮刀搅拌均匀；分次加入鸡蛋液，每次都搅打均匀；低筋面粉、杏仁粉、盐混合均匀后筛入黄油糊中，拌匀后用手轻轻抓成面团，放入保鲜袋中，入冰箱冷藏 15 分钟后取出，将面团擀成 0.5 厘米左右的薄片，放入 8 寸派模中，将底部及四周按压紧实，去掉多余边角，并在派皮边缘刷一层鸡蛋液；

2 Step　用牙签在派皮上扎一些小孔，防止烤的时候鼓起，静置 15 分钟；

3 Step　黄油放锅里小火融化后加入 30 克细砂糖，炒至完全融化后放入苹果块拌匀，再放入剩下的 30 克细砂糖和柠檬汁拌匀，小火煮 15 分钟左右，直到汁水收干即可；

4 Step　往静置好的派皮中填入苹果馅；

5 Step　用刚刚剩余的派皮切成细条，横竖交错成方格，压紧边缘；

6 Step　在表面刷一层鸡蛋液，烤箱预热 200 摄氏度，上下火，放在烤箱中层，大约烤 25 分钟即可。

菠萝翻转蛋糕

材料: 参考分量: 6 寸圆模一个

蛋糕部分

黄油	50 克
低筋面粉	45 克
细砂糖	15 克
鸡蛋	1 个
泡打粉	1/2 小勺

菠萝层部分

新鲜菠萝	6 片
红糖	5 克
细砂糖	15 克
蜂蜜	5 克
清水	适量
肉桂粉	适量

小贴士

1. 用罐头菠萝也可以,不过罐头菠萝比较甜,糖浆可以减少一点糖;

2. 可以用固底防粘蛋糕模或者硅胶模,不要用活底模,因为在烤的时候,底下的糖浆会渗出来。

做法:

1 Step 制作糖浆:将菠萝层材料中的细砂糖、红糖、蜂蜜倒入容器中,加入一点点清水,搅拌成糖浆状,倒入 6 寸模具底部,再把切成片的新鲜菠萝摆在上面,在表面撒上一些肉桂粉提味;

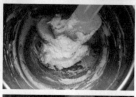

2 Step 接下来制作蛋糕糊:黄油室温软化,用手动打蛋器搅打顺滑,加入细砂糖,继续搅打均匀,分 3~4 次加入鸡蛋液,每次都要搅打至完全吸收;

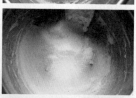

3 Step 将低筋面粉和泡打粉混合筛入黄油糊中,用橡皮刮刀翻拌均匀;

4 Step 将拌好的面糊装入裱花袋,挤入模具中;

5 Step 用刮刀略微抹平整,烤箱预热 180 摄氏度,上下火,烤网放在烤箱中层,大约烤 30 分钟直至表面金黄即可;

6 Step 稍微冷却后,倒扣脱模,菠萝就在最上面啦!

拍摄思路

我很爱吃菠萝味道的所有东西，所以在拍摄时，想把蛋糕朴实和原本的滋味展现出来，用大地色彩来搭配，让人觉得温暖而信任。拍摄角度为俯拍，更好地体现蛋糕表面的菠萝纹理。

相机参数　ISO：400　快门速度：1/60　光圈：4

摄影师 说

拍摄思路

我们拍摄某样东西时，先要观察，找到它最吸引人的一面进行创作和拍摄。这个派最吸引我的莫过于它表面的纹理和图案，所以我选择了俯拍，洋洋洒洒的光线透过纱窗，是不是充满了下午茶的味道呢？

相机参数　ISO：200　快门速度：1/125　光圈：5.6

摄影师 说

紫薯千层派

材料： 参考分量：2 个 8 寸的派模

千层酥皮

低筋面粉	250 克
黄油	40 克
细砂糖	8 克
盐	1/4 小勺
水	125 克
黄油（裹入用）	180 克
全蛋液	适量

紫薯馅

紫薯	200 克
细砂糖	65 克
淡奶油	130 克

小贴士

1. 紫薯泥也可以换成栗子泥、红薯泥等；

2. 剩余的酥皮可以在表面刷蛋液，撒上一层细砂糖，做砂糖酥条；

3. 剩余的紫薯泥可以做紫薯酥，或者其他点心的夹馅。

做法：

1 Step 酥皮制作：低筋面粉、细砂糖和盐倒入盆中，加入软化的黄油，慢慢加入水，揉成光滑的面团，包上保鲜膜，放入冰箱冷藏 20 分钟；将 180 克黄油切片放入保鲜袋，用擀面杖擀成均匀的薄片，取出面团，擀成黄油薄片的 3 倍大，将黄油薄片放在中间，盖上左右两边面片，两端排气按紧；

2 Step 翻转 90 度，擀成长方形，再对折成三层，继续擀开，再对折，重复 4 轮（如果黄油开始漏油，则放入冰箱冷藏 20 分钟），将做好的酥皮面团擀成薄片；

3 Step 酥皮裁出一个 8 寸的圆形薄片，放入圆形硅胶蛋糕模中，其余的酥皮裁出 8 条细长条；

4 Step 紫薯泥制作：紫薯蒸熟之后捣成泥状，加入细砂糖拌匀，分次加入淡奶油，用手揉匀成紫薯泥；将紫薯泥装入裱花袋，挤在酥皮上，然后用切好的细条交错成网格状，边缘处压紧；

5 Step 在网格及边缘处刷上一层全蛋液，摆入烤盘静置 15 分钟松弛，烤箱预热 200 摄氏度，中下层，烤 25~30 分钟，待彻底冷却后脱模；打发一点淡奶油，在表面挤上小花作为装饰，将多余的紫薯泥挤在奶油花的中间。

烘培全勤奖就是我

拍摄思路

简约的背景搭配，逆光拍摄凸显出黑森林的质感。有时候我们拍摄蛋糕不一定要把主体拍完整，这里刻意裁掉蛋糕的右边就是为了强调主体，突出重点。在拍摄中大家也可以试一试这样的构图哦。

相机参数 ISO：400　快门速度：1/125　光圈：2.8

摄影师 说

黑森林

材料：
参考分量：6寸圆模一个

蛋糕部分

黄油	90克
糖粉	150克
鸡蛋	2个
低筋面粉	170克
小苏打	1/2小勺
可可粉	20克
酸奶	140克

夹层和装饰

淡奶油	适量
细砂糖	适量
新鲜草莓	适量
黑巧克力	适量

小贴士

1. 黑森林没有用戚风蛋糕的做法，所以制作起来更简单，成功率也更高；

2. 如果做8寸蛋糕就把所有原材料的用量翻倍；

3. 刮巧克力屑的时候，如果天气热，可将巧克力冷藏一下再刮，最好戴一个隔热手套，或者直接将巧克力融化在大盘子里，待冷藏凝固后再刮。

做法：

Step 1 黄油软化后放入盆中，加入糖粉，用手动打蛋器顺着一个方向搅打均匀，至颜色变浅，体积蓬松；分7~8次加入鸡蛋液，每次都要搅拌到完全吸收；

Step 2 低筋面粉、可可粉和小苏打筛入黄油糊中，由下往上翻拌均匀；

Step 3 面糊中加入酸奶，继续翻拌均匀；

Step 4 拌好的面糊倒入模具后用刮刀抹平表面；烤箱预热180摄氏度，上下火，烤网放中层，约烤50分钟至牙签插入蛋糕内部不粘连即可；

Step 5 蛋糕冷却后去掉最上面不整齐的部分，平均切成三片，放一片在裱花台上，打发一些淡奶油（淡奶油和细砂糖的比例为100：10）抹平在蛋糕表面，放入一些新鲜的草莓片；接下来依次盖上第二、第三片蛋糕，步骤同上，盖上第三片蛋糕后，将淡奶油涂抹在蛋糕四周，表面再盖一层淡奶油；

Step 6 取一块黑巧克力，用小勺由上往下刮出巧克力屑撒在蛋糕的表面及四周，最后在蛋糕中间挤上一朵奶油花，放一颗新鲜草莓即可。

摄影师 说

布朗尼芝士蛋糕

材料: 参考分量: 4 寸慕斯圈 4 个

布朗尼部分

65% 黑巧克力	65 克
鸡蛋	1 个
黄油	60 克
低筋面粉	30 克
糖粉	30 克
核桃碎	适量
朗姆酒浸葡萄干	适量
香草精	1 小勺
朗姆酒	1 小勺

芝士部分

奶油奶酪	250 克
糖粉	60 克
鸡蛋	1 个
香草精	适量

做法:

Step 1

黑巧克力放在盆中隔热水融化成液体;

Step 2

加入软化的黄油,搅拌成混合均匀的液体;

Step 3

分两次加入鸡蛋,搅拌均匀;

Step 4

加入香草精和朗姆酒,搅拌均匀;

Step 5

将低筋面粉和糖粉混合筛入,翻拌均匀;

Step 6

加入提前烤熟的核桃碎和浸泡过朗姆酒的葡萄干,翻拌均匀;

Step 7

装入裱花袋中备用（不用刮得太干净，见后文）；

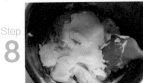

Step 8

奶油奶酪提前切小块放入盆中隔热水软化，然后搅拌均匀；

Step 9

再加入糖粉，用打蛋器搅打均匀；

Step 10

加入香草精，搅拌均匀，再加入鸡蛋，继续搅打均匀；

Step 11

把拌好的芝士糊装入裱花袋中备用（不用刮得太干净，见后文）；

Step 12

准备好四个慕斯圈，包上锡纸，放在烤盘上，先把布朗尼糊挤入模具中，表面用刮刀抹平整；

Step 13

再挤入芝士糊，磕一下烤盘，让表面比较平整；

Step 14

将两个盆中剩余的面糊拌匀，装入裱花袋中，在每个蛋糕上画几个圆，用牙签由外向里垂直画出一条直线，形成花纹；

Step 15

送入已经预热 160 摄氏度的烤箱，上下火全开，放在烤箱中层，大约烤 35 分钟，表面上色即可。

小 贴 士

1. 朗姆酒可以省略；
2. 此方也可以制作一个 6 寸的蛋糕。

拍摄思路

因为柠檬南瓜派是比较亮的黄色，所以在色调上选择了一个高调。在颜色搭配上，用了对比色系紫色的花作为点缀，让画面更加活跃一些。构图上运用偏中央重点构图，突出主体。

相机参数　ISO：400　快门速度：1/125　光圈：4

摄影师 说

奶油南瓜派

材料： 参考分量：6寸派模一个

派皮部分

黄油	25克
低筋面粉	63克
糖粉	15克
蛋黄	1个

馅料部分

南瓜	125克
淡奶油	60克
玉米淀粉	5克
奶粉	5克
细砂糖	10克
蛋黄	1个

小贴士

1. 南瓜选择甜一点、面一点的，口感会更好；

2. 玉米淀粉和奶粉最好不要省略。

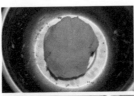
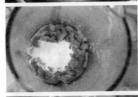
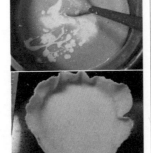

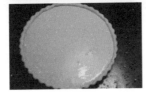

做法：

Step 1 黄油软化后放入盆中，加入糖粉和低筋面粉，揉成松散的面包糠状；加入蛋黄液，抓揉成面团，包上保鲜膜冷藏；

Step 2 南瓜去皮切块蒸熟，然后和一部分淡奶油一起放入料理机打成南瓜糊；

Step 3 把南瓜糊倒入盆中，加入细砂糖、玉米淀粉、奶粉拌匀，再加入蛋黄液拌匀，最后加入剩余的淡奶油，搅拌均匀即可；

Step 4 把冷藏好的派皮取出，稍微恢复室温，擀开成大圆片，盖在模具上，去除多余的边角，底部及四周压实；

Step 5 用叉子在派皮底部插上小孔；

Step 6 倒入南瓜馅，大约九分满，烤箱预热180摄氏度，上下火全开，放在中层，先烤10分钟，再转150摄氏度，烤25分钟，表面金黄即可。

拍摄思路

我记得有段时间特别爱吃泡芙，一口丢到嘴里，浓浓的好满足。所以在拍摄时就决定一定要呈现出暖暖的感觉。这里采用了侧面硬光源勾勒泡芙的轮廓，正前方补光，同时注意各个物体之间的摆放位置。

 相机参数 ISO：400 快门速度：1/80 光圈：2.8

摄影师 说

奶油泡芙

材料： 参考分量：30 个左右

泡芙部分

黄油	60 克
水	150 克
盐	1 克
低筋面粉	80 克
鸡蛋	3 个

奶油内馅部分

打发淡奶油	200 克
细砂糖	16 克

小贴士

1. 表面装饰可以用的有：黑白巧克力液、果酱、糖霜、糖粉等；

2. 也可以加入花生酱和果酱作为内馅；

3. 现挤现吃的奶油口感最好。

做法：

1 Step　软化的黄油及水放入容器中，小火加热到黄油彻底融化，搅拌均匀，然后转大火，至黄油液开始沸腾，倒入过筛后的低筋面粉，关火，用打蛋器迅速搅拌均匀（搅拌的时候翻动盆底的面糊会有些黏膜附着在盆底，就表示面糊彻底熟了）；

2 Step　冷却到不烫手后，分次加入鸡蛋液，每次都要彻底搅拌至蛋液完全吸收；

3 Step　继续搅拌至面糊用打蛋器提起之后呈大块的倒三角形，浓稠度即可；

4 Step　将面糊装入裱花袋，在铺了锡纸的烤盘上挤出需要的花型；

5 Step　烤箱预热 200 摄氏度，大约烤 25 分钟，直至体积膨胀，表面金黄即可；出炉冷却，将 200 克淡奶油和 16 克细砂糖一起打发至硬性发泡；

6 Step　在泡芙底部扎洞，把打发好的淡奶油装入裱花袋，挤入泡芙中即可。

拍摄思路

一般拍摄这么小的饼干时，我都会用浅景深来突出主体。整张照片给人的感觉就是静静的，慢慢的。拍摄时，无论从颜色搭配到构图以及光线的运用都是比较平和的调子。有时候平淡也是我们内心的向往，不是吗？

摄影师 说

 相机参数 ISO：200 快门速度：1/80 光圈：2.8

棋格饼干

材料： 参考分量：25 块左右

原味面团

黄油	80 克
糖粉	55 克
鸡蛋	25 克
低筋面粉	150 克

可可面团

黄油	80 克
糖粉	60 克
鸡蛋	25 克
低筋面粉	130 克
可可粉	20 克

小贴士

1. 图中是 4 格的，也可以切小面条，做成 6 格的交错；

2. 可可粉可以换成抹茶粉草莓粉，等等。

做法：

Step 1 分两个容器来做两种面团，做法一样：黄油软化后加入糖粉，用刮刀搅拌均匀，分两次加入鸡蛋液，用手动打蛋器搅打均匀；筛入低筋面粉（可可面团则是低筋面粉和可可粉混合过筛），用刮刀切拌成均匀的面团，放入冰箱冷藏至稍硬，取出后擀成 1 厘米厚的面片；

Step 2 将其中一种面片的表面涂抹一层鸡蛋液，然后覆盖上另一种面片；

Step 3 放入冰箱冷冻 30 分钟，取出切成 1 厘米宽的长条；

Step 4 取出两条面团，将其中一条面团表面涂抹一层鸡蛋液，然后交错覆盖在另一条面团上，其余的长条面团依次按这样制作；

Step 5 放入冰箱冷冻半小时至面团变硬，取出切成 0.3~0.5 厘米厚的薄片，摆入铺了锡纸的烤盘，烤箱预热 180 摄氏度，上下火，放在烤箱中层，烤 12~15 分钟。

三色蛋卷饼干

材料： 参考分量：13 块左右

黄油	50 克
糖粉	50 克
蛋白	50 克
低筋面粉	30 克
香草精	适量
抹茶粉	适量
咖啡粉	适量

小贴士

1. 面糊拌好之后，可以将容器在案板上轻磕一下，震出多余的气泡；

2. 饼干之间留出空隙，因为烤的时候会扩散；如果面糊过稀，可以冷藏片刻。

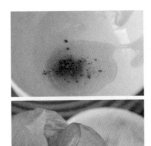
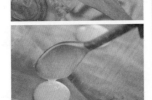

做法：

Step 1 黄油隔热水融化成液体，加入糖粉，继续融化成混合的液体，滴入几滴香草精，拌匀；加入打散的蛋白，搅拌均匀；筛入低筋面粉，搅拌成均匀光滑的面糊，用小勺取出 2 小勺，一份加入咖啡粉，一份加入抹茶粉，做成两种味道的面糊；

Step 2 将面糊分别装入裱花袋，剪一个小口；

Step 3 剩余的原味面糊，用小勺舀一勺在铺了油布的烤盘上，并用小勺背摊成直径约 5 厘米的圆片；

Step 4 将双色的面糊分别挤成细条在原味面糊上；

Step 5 烤箱预热 160 摄氏度，上下火，放在烤箱中层，大约烤 15 分钟，趁热将饼干用筷子卷起来，冷却即可。

♥ 手机拍摄美食的技巧 ♥

··· 随着科技的发展，手机越来越普及，手机摄影也被越来越多的人喜欢和接受，那么用手机拍摄我们要注意些什么呢？

··· 首先：手机的镜头相当于广角，所以在拍摄时很容易把周边杂乱的环境拍进去，这样画面看着非常乱，主次不分，不能准确地表达拍摄想法。大家了解手机这一特性后，拍摄时要最大限度地避开杂乱的背景。距离拍摄物体很近时，要防止物体变形，背景要简单、简洁。尽量不要使用手机本身带有的变化焦距，简单来说就是拉近。这个会降低画质。俯视拍摄是手机静物摄影比较适合的一个拍摄角度。这个拍摄形式也能很好地锻炼大家的画面构成能力，所以在日常的拍摄中，我们可以用这个角度多多练习构图。

Chu~

··· 手机照片后期处理的技巧：我常用的手机软件是 snapseed，可能很多同学也会用其他手机处理软件，我觉得都可以，主要是我们要熟悉软件的功能。我比较喜欢 snapseed 滤镜里面的粗粒胶片功能，还有一些局部的细节调整功能。snapseed 的粗粒胶片滤镜非常适合静物暗调，大家可以尝试一下哦。

延时 视频 照片 人像 正方形 全景

Part 4

家庭

这里有孩子们的微笑

作为一个妈妈，给孩子吃点心，我也是格外注意的。首先当然是要尽量自己做，其次对于食材的选择，也是考虑得最多的。比如会挑选蔬菜、水果来制作糕点，同时也尽量做到低油和低糖。

除此之外，孩子们都会喜欢可爱和色彩鲜艳的东西，我也会在外形和色彩的搭配上考虑一番。曾经有一天，跟几个妈妈讨论给孩子做早餐的事情，有个爸爸就说，听起来就好麻烦，然后我就问各位妈妈是否觉得麻烦，结果每个妈妈都说一点都不麻烦，只要孩子喜欢，工序再多也不怕。

所以麻烦这两个字眼，跟我们妈妈们完全没关系。

胡萝卜磅蛋糕

材料: 参考分量: 图中 11cmX6cmX3cm 模具 2 个

大豆油	55 克
胡萝卜	75 克
细砂糖	55 克
鸡蛋	1 个
橙子	半个
低筋面粉	55 克
泡打粉	1/2 小勺
肉桂粉	1/8 小勺
黄油	适量

小贴士

1. 肉桂粉可以省略;

2. 大豆油可以换成玉米油、葵花籽油等没有特殊气味的植物油。

做法:

1 Step
胡萝卜提前用刮丝器刮成细丝备用;大豆油倒入盆中,加入细砂糖,用手动打蛋器搅拌均匀;加入鸡蛋,顺着一个方向搅打均匀;再加入半个橙子的橙汁,继续搅拌均匀;

2 Step
将低筋面粉、泡打粉和肉桂粉混合筛入大豆油糊中,用橡皮刮刀翻拌成均匀的面糊(其实比较稀的面糊也可以用手动打蛋器来拌匀,但是需要以画"8"字的方式来搅拌,不能画圈,避免面粉产生过多的面筋);

3 Step
把胡萝卜丝放入面糊中,翻拌均匀;

4 Step
蛋糕模具内涂抹一层软化的黄油防粘,然后把拌好的面糊装入模具中,大约八分满;烤箱预热 180 摄氏度,上下火,烤网放中层,烤 20~25 分钟,表面金黄即可。

这里有孩子们的微笑

摄影师 说

红薯饼干棒

材料： 参考分量：大约 15 条

红薯	75 克
低筋面粉	75 克
黄油	45 克
糖粉	20 克
蛋黄液	适量
黑白芝麻	适量

做法：

1 Step 红薯蒸熟冷却后放入保鲜袋中，用擀面杖压成泥；

2 Step 黄油软化后切小丁放入盆中，然后筛入低筋面粉，用橡皮刮刀拌成松散的面包糠状，加入糖粉和盐，轻轻用手抓均匀；

3 Step 再放入红薯泥，用手抓成均匀的面团；

4 Step 把面团放在铺了保鲜膜的案板上，擀成薄片，用刮板或小刀切去多余的边角，整成长方形；

5 Step 在表面刷上一层蛋黄液，再均匀地撒上一些黑芝麻和白芝麻；

6 Step 用刮板或者小刀切割成一样大的细长条，放入预热 170 摄氏度的烤箱，上下火，放在中层，大约烤 20 分钟，表面金黄即可。

小贴士

1. 如果烤箱没有正中间那层，就放在倒数第二层；

2. 芝麻不需要提前烤熟。

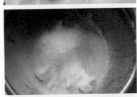

这里有孩子们的微笑

拍摄思路

拍摄时采用了侧面硬光源，浅蓝色的纸杯搭配黄色的碟子，让画面的颜色产生对比。

相机参数 ISO：200 快门速度：1/160 光圈：4

摄影师 说

南瓜麦芬

材料： 参考分量：图中方形纸杯 5 个

黄油	50 克
糖粉	50 克
鸡蛋	1 个
牛奶	35 克
南瓜	100 克
低筋面粉	100 克
泡打粉	1/2 小勺
南瓜子	少许

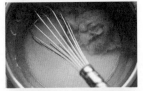

做法：

1 Step 提前把南瓜隔水蒸熟，放凉之后，装入保鲜袋，用擀面杖擀成南瓜泥；

2 Step 鸡蛋放入盆中，用手动打蛋器打散即可，加入糖粉，继续搅拌均匀；黄油放入小碗中，隔热水融化成液体，加入鸡蛋糊中搅打均匀；加入牛奶，搅拌成均匀的液体；

3 Step 放入南瓜泥，搅拌均匀；

4 Step 筛入低筋面粉和泡打粉，用橡皮刮刀由下往上翻拌成无干粉的面糊；

5 Step 把拌好的面糊装入裱花袋，剪小圆口，将面糊挤入纸杯模具中，大约八分满，在表面撒几颗南瓜子；烤箱预热 180 摄氏度，上下火，烤网放中层，烤 20~25 分钟，表面金黄即可。

小贴士
1. 材料里南瓜泥的重量指的是蒸熟之后的重量；
2. 熟南瓜子也可以放在蛋糕糊表面，和蛋糕一起烘烤。

这里有孩子们的微笑

蔓越莓麦芬

材料： 参考分量：图中小纸杯 8 个

黄油	50 克
细砂糖	40 克
低筋面粉	50 克
鸡蛋	1 个
泡打粉	1/8 小勺
奶粉	1/2 小勺
蔓越莓干	25 克

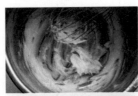

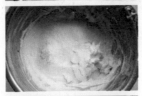
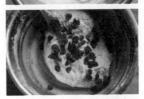

小贴士

1. 可以将蔓越莓干稍微切碎，在纸杯模底部撒入一些，倒入面糊之后，在表面再撒上一些；

2. 蔓越莓干可以换成其他果干或坚果。

做法：

1 Step 黄油软化后，用手动打蛋器搅拌成细腻的糊状；

2 Step 加入细砂糖，搅拌均匀；

3 Step 分 3~4 次加入鸡蛋液（鸡蛋搅打成鸡蛋液），每次都搅打均匀后再加下一次，直至成为细腻的奶油糊状；

4 Step 加入混合过筛的低筋面粉、泡打粉、奶粉，用橡皮刮刀翻拌均匀；

5 Step 加入提前用清水浸泡过的蔓越莓干（用厨房纸吸去表面的水分），翻拌均匀；

6 Step 将拌好的面糊倒入裱花袋，剪小圆口，把面糊挤入纸杯模具中，大约八分满，烤箱预热 180摄氏度，上下火，烤网放中层，大约烤 15 分钟，表面金黄即可。

这里有孩子们的微笑

拍摄思路

其实拍摄披萨类的圆形状食物，把它重新放回圆盘内也是一种布置方式。空缺的那一块能重点强调食物本身哦！画面构图比较饱满，布局上上紧下松，让整体显得更透气，松弛有度。

相机参数 ISO：400 快门速度：1/80 光圈：4

摄影师 说

榴莲披萨

材料： 参考分量：6寸披萨两个

饼底部分

高筋面粉	100克
橄榄油	10克
细砂糖	8克
盐	3克
水或者牛奶	50克
蛋黄	半个
酵母	2.5克

馅料部分

榴莲肉	适量
马苏里拉芝士	适量

小贴士

1. 面团揉出膜，披萨的口感会更好；

2. 也可以放一些焯过水的口菇或者玉米粒等等。

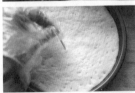

做法：

1 Step 先把榴莲肉放在保鲜袋里用擀面杖擀成泥备用；

2 Step 把面粉、橄榄油、细砂糖、盐、水、蛋黄液和酵母都放入面包机内，选择揉面程序；

3 Step 揉面结束后选择发酵程序，至原面团的两倍大，取出后按扁排气，然后分成两块面团；

4 Step 把一块面团揉圆按扁放在披萨盘上，用手往四周手推，把面团在盘内均匀地铺满铺平；

5 Step 用牙签在表面扎一些小孔，避免烤的时候膨胀，同时让饼底更透气不会太湿；烤箱预热200摄氏度，上下火，放在烤箱中层，烤三五分钟定型；

6 Step 取出后在上面先铺一层薄薄的马苏里拉芝士，然后把榴莲肉均匀地铺在上面；最后在表面再铺一层马苏里拉芝士即可，送入预热好的200摄氏度的烤箱，大约烤20分钟，表面出现焦黄点即可。

拍摄思路

逆光拍摄一般会让画面产生很大的反差，为了降低这种反差，我加了一个纱窗柔化光线，前面补了一个强光。放在案板上的面包和切刀让我想起了妈妈做的早餐，那么亲切，那么熟悉。

相机参数　ISO：200　**快门速度：**1/80　**光圈：**4

酸奶吐司

材料： 参考分量：1个

高筋面粉	270 克
细砂糖	30 克
酸奶	100 克
牛奶	60 克
鸡蛋	1 个
黄油	25 克
酵母	4 克

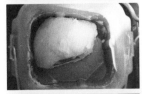

做法：

Step 1 把除了黄油以外的全部材料都放进面包机内，选择揉面程序；

Step 2 30分钟一个揉面程序完成以后，放入黄油，再次选择揉面程序；

Step 3 第二个揉面程序结束以后，选择发酵程序，一共发酵一个半小时左右，直到膨胀到面包桶的八分满；

Step 4 最后选择烘烤程序，设定35分钟，烧色中，750克；

Step 5 烘烤结束后稍微冷却一下再取出面包，完全冷却之后再切片食用。

小贴士

1. 选择原味的酸奶口感更好，不会太抢味；

2. 面包机做面包非常简单，你也可以用一键功能来制作。

这里有孩子们的微笑

拍摄思路

这组蛋白糖其实马琳做了很多种颜色，因为想拍摄一组小清新的
高调图片，所以我选择了以蓝色系为主的蛋白糖。这组图片选择
了邻近色系为主要的色彩搭配方式。逆光拍摄把蛋白糖的表面纹
理勾勒出来。在这一类图片的拍摄中，大家要注意各个色彩之间
的比例关系。

相机参数 ISO：200　快门速度：1/60　光圈：4

瑞士蛋白糖

材料： 参考分量：35~40 粒（根据颗粒大小决定数量）**做法：**

蛋白	50 克
糖粉	100 克

1 Step 蛋白打散，加入糖粉拌匀；

2 Step 隔水加热，一边搅拌，至 45~50 摄氏度之间；

3 Step 用厨师机打到硬性发泡；

4 Step 装入装了花嘴的裱花袋，挤在铺了油布的烤盘上，每个之间留出一定的空间。如果想做彩色的，可以在打好的蛋白霜里加入一点色素拌匀，或者撑开裱花袋，用牙签画上几条颜色，就可以挤出彩色线条的蛋白糖了；

5 Step 放入提前预热好 90 摄氏度的烤箱，上下火全开，放在烤箱中下层，大约 1 小时即可。

小贴士

1、蛋白和糖粉隔水的温度很重要，不要直接放入开水中，隔着开水，用水蒸气去加热，用温度计去测量；

2、能从油布上取下来就是熟了，如果粘油布则需要再烤一点时间，表面不要上色。

这里有孩子们的微笑

拍摄思路

拍摄时特意挑了一个日式的盘子，后面搭配的茶盘和小碟也是日式风格的，整个画面充满着淡淡的和风感。所以当你倾向于拍摄某种风格时，你选择的搭配物最好与之统一，这样整个画面才会看起来很和谐。

 相机参数 ISO：100 **快门速度**：1/160 **光圈**：4

摄影师 说

燕麦葡萄饼

材料: 参考分量: 约12片

黄油	45 克
低筋面粉	55 克
燕麦片	60 克
红砂糖	30 克
鸡蛋	15 克
小苏打	1/4 小勺
核桃仁	适量
葡萄干	适量

小贴士

1. 核桃仁要用熟的，葡萄干使用之前也要先用清水泡软，再沥干表面多余的水分；

2. 凡是写着适量的食材，就是指可以根据自己的口味多放或者少放一些。

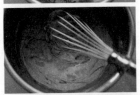

做法:

1 Step 黄油软化后放入盆中拌匀，加入红砂糖，用手动打蛋器搅拌均匀；

2 Step 加入鸡蛋液，再次顺着一个方向搅拌均匀；

3 Step 筛入低筋面粉和小苏打，加入燕麦片，用橡皮刮刀翻拌均匀；

4 Step 加入核桃仁和葡萄干，再次翻拌均匀；

5 Step 把拌好的面团分成若干大小相同的小球，摆入烤盘；

6 Step 用手掌压扁成片状，烤箱预热165摄氏度，上下火全开，放在烤箱中层，烤15~20分钟。

莲蓉红枣磅蛋糕

材料: 参考分量: 图中11厘米×6厘米×3厘米模具2个

黄油	50克
红糖	45克
鸡蛋	1个
红莲蓉	40克
低筋面粉	65克
红枣	5个
泡打粉	1/2小勺

做法:

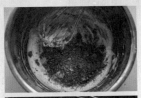

1 Step 黄油软化后放入盆中,用手动打蛋器搅打均匀,加入红糖,继续顺着一个方向搅打均匀;

2 Step 分3~4次加入鸡蛋液(鸡蛋打成鸡蛋液),每次都要搅打到完全吸收再加入下一次,直至成为蓬松轻盈的奶油糊状;

3 Step 接着加入红莲蓉,搅拌均匀;

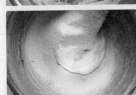

4 Step 将低筋面粉和泡打粉混合筛入上面拌好的黄油糊中,用橡皮刮刀翻拌成均匀的面糊;

5 Step 将干红枣提前泡软,切成小丁加入面糊中,翻拌均匀;

6 Step 将拌好的面糊装入模具中,大约八分满,用刮刀将表面轻轻抹平(如果不是防粘模具,需要提前在模具内涂抹一层软化的黄油);烤箱预热180摄氏度,上下火,烤网放在烤箱中层,大约烤25分钟。

小贴士

1. 莲蓉馅可以换成枣泥馅,我用的是现成的莲蓉馅;

2. 没有红糖,放白糖也可以。

这里有孩子们的微笑

山楂果丹皮

材料： 参考分量：28厘米×28厘米烤盘2个

山楂	600克
细砂糖	200克
清水	适量

小贴士

1. 炒山楂泥的时间跟打山楂泥时加入的水的多少有关系，水越少炒的时间越短，用不粘锅不停翻炒；

2. 用料理机搅打也可以，中途暂停一下观察山楂泥的状态，觉得足够细腻了即可。

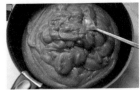
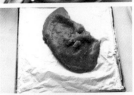

做法：

1 Step 山楂洗干净，对半切开，去核，放入破壁机中，加入一些清水，选择果蔬模式，直到搅打成非常细腻的糊状，直接倒入平底锅中；

2 Step 加入细砂糖，然后用小火翻炒，直到山楂泥变得浓稠，提起刮刀，上面可以挂一层山楂泥即可；把炒好的山楂泥倒入一个底部及四周已经铺好锡纸的方形烤盘中；

3 Step 用刮板把表面刮平整（可以做两盘，如果做一盘的话会比较厚，需要烤的时间更长，更接近山楂糕的状态）；

4 Step 烤箱预热100摄氏度，上下火全开，烤网放中层，大约烤3小时，至表面颜色变深、质感变硬即可；

5 Step 将烤好的山楂片放在案板上切成等大的竖长条，然后卷起来；

6 Step 用保鲜膜包裹，密封保存即可。

拍摄思路

拍摄此类有造型的饼干时，大家一定要把饼干拍全，因为它的主体造型就是亮点。所以在拍摄时用了叠加的方式，弱化了后面的景物。

相机参数　ISO：100　快门速度：1/125　光圈：4

摄影师 说

椰蓉鸭子饼干

材料： 参考分量：15 块左右

黄油	85 克
糖粉	30 克
鸡蛋	10 克
杏仁粉	15 克
椰蓉	15 克
低筋面粉	110 克
表面装饰椰蓉	适量

小贴士

1. 如果烤箱比较小，可在烘烤十分钟以后，将烤盘取出调个方向继续烘烤；

2. 如果没有杏仁粉，可将杏仁和糖粉一起放入料理机中搅打后使用。

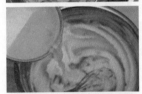

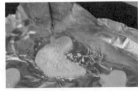

做法：

1 Step 黄油软化后加入糖粉，用橡皮刮刀拌匀；

2 Step 加入鸡蛋液（鸡蛋打成鸡蛋液），用手动打蛋器搅打均匀；

3 Step 筛入低筋面粉，用橡皮刮刀略微翻拌后，加入椰蓉和杏仁粉拌匀，用手抓揉成面团，放入冰箱冷藏 20 分钟；

4 Step 取出面团擀成 0.5 厘米厚的薄片；

5 Step 用鸭子形状的饼干模具造型；

6 Step 放入铺了锡纸的烤盘，在饼干表面撒一些椰蓉装饰，烤箱开上下火，预热 170 摄氏度，烤网放在烤箱中层，烤 15~20 分钟，表面椰蓉金黄即可。

这里有孩子们的微笑

拍摄思路

喜欢这种肉肉的蛋糕，像宝宝肉肉的脚一样可爱。照片用的是井字构图法，拍摄主体位于人的视觉中心位置。画面中撒入糖粉是为了增强整体的趣味性。对于刚入门的新手来说，如果你不知道采用什么方式来呈现食物，这种形式可以试一试。

相机参数 ISO：400
快门速度：1/125
光圈：5.6

摄影师 说

猫爪小蛋糕

材料： 参考分量：图中模具 6 个

鸡蛋	1 个
黄油	40 克
低筋面粉	40 克
全麦粉	5 克
细砂糖	20 克
泡打粉	1/8 小勺
黑巧克力	适量

小贴士

1. 没有全麦粉，可以用等量低筋面粉代替；

2. 如果不是防粘模具，要在里面涂抹一层软化的黄油。

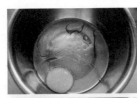

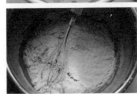

做法：

1 Step 鸡蛋在盆中打散，用手动打蛋器略微拌匀；

2 Step 加入细砂糖，继续顺着一个方向搅拌均匀；

3 Step 将低筋面粉和泡打粉混合筛入鸡蛋糊中，用橡皮刮刀翻拌成均匀的面糊；

4 Step 黄油隔热水融化成液体，倒入上面拌匀的面糊中，搅拌均匀，再加入全麦粉，翻拌均匀；

5 Step 将面糊装入裱花袋中，剪小圆口，挤入模具中，大约八分满，烤箱预热 180 摄氏度，上下火，烤网放中层，大约烤 20 分钟，表面金黄即可；烤好的蛋糕取出冷却，将隔热水融化成液体的黑巧克力装入裱花袋中，剪一个小口，在已经冷却的猫爪蛋糕上面，把小脚印突出的部分涂上巧克力即可。

拍摄思路

这张照片用的是逆光来凸显食物表面的质感。逆光拍摄时,一定要注意食物表面的反光,把这种反光控制在小面积,特别能体现食物的质感,引起食欲。

摄影师 说

 相机参数 ISO:100 快门速度:1/80 光圈:2.8

罗马盾牌

材料： 参考分量：25 块左右

饼干部分

黄油	50 克
糖粉	60 克
蛋白	1 个
低筋面粉	100 克

馅料部分

黄油	25 克
糖粉	25 克
麦芽糖	30 克
花生碎	25 克

小贴士

1. 如果天气较冷，馅料需隔水保温，否则易凝固；

2. 冷却之后，如果馅料还会粘在锡纸上，则说明火候不够，继续烤几分钟即可；

3. 花生碎也可以换成杏仁碎、瓜子碎等。

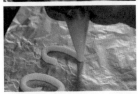

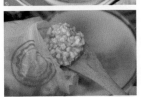

做法：

Step 1 黄油软化后加入糖粉搅拌，至颜色稍微变浅；分次加入蛋白液（蛋白打成蛋白液），每次都要搅打均匀，打至体积蓬松；筛入低筋面粉，用刮刀翻拌成均匀的面糊，装入裱花袋中；

Step 2 裱花袋剪一个小口，烤盘铺上高温油布或者锡纸，按照顺时针方向，把面糊挤成椭圆状；

Step 3 黄油隔热水融化，加入麦芽糖和糖粉融化并搅拌均匀，再加入花生碎搅匀；

Step 4 将做好的馅料装入裱花袋，剪小口；

Step 5 挤在饼干圆内 1/3 即可；

Step 6 烤箱预热 165 摄氏度，上下火，烤网放入中层，大约烤 12 分钟。

♥ 拍摄道具的选择 ♥

••• 在网络上和摄影课堂上，大家问我比较多的问题是：要拍好静物摄影是不是要买很多道具呀？其实在拍摄道具的选择上，你只要买几样道具就可以独霸"摄会"了。

••• 在这里给大家推荐一些实用百搭的道具。首先关于盘子的选择，我会建议大家选择一些常规款的亚光盘子，这样在拍摄时不会产生较多的反光。颜色上，最好选择白色和低饱和度颜色的盘子比较保险。颜色饱和度高的盘子，运用起来比较棘手。表面有纹理的粗陶盘子也是很好的拍摄道具。对于初学静物摄影的同学来说，买圆形的盘子比异型的盘子在拍摄中会更好掌控一些。

••• 在拍摄中，布的运用也比较广，推荐大家多准备一些茶巾，尺寸为 60 厘米 ×80 厘米左右。选择一些基础色、有质感的茶巾，例如：白色、灰色、灰蓝、灰绿等饱和度低的、质地比较柔软的茶巾。此外，不同色系的小碎花布也是不错的选择，可以用来拍摄一些高调图片，会有意想不到的效果哦。看到这里你是不是心动了，嗯，就照着我说的这些去准备，照片质量一定会提升不少。

Part

5

朋友圈

花样造型第一名

· ·

　　朋友圈里凹造型，气质不能输，所以这一章教你做很多吸引眼球的糕点，无论饼干还是蛋糕，都可以做得非常可爱。当别人都在晒烤了一个普通的曲奇的时候，你晒出了一张栩栩如生的松鼠饼干，然后再配一句：没错，姐就是这么秀外慧中。

　　其实做这些好看的点心，主要是自己看着心情好，感觉整个烘焙的世界，都像在童话里一样。只有想不出来的样子，没有做不出来的点心。要不为什么很多女人的心愿都是开一家蛋糕店，都跟我们梦幻的甜品情结有关吧。

拍摄思路

拍摄时运用俯拍的角度，采用偏中央留白的构图方式，让人的视线一眼就集中在蛋糕表面斑斓的色彩上。

相机参数 ISO：600 快门速度：1/80 光圈：4

摄影师 说

彩虹慕斯

材料： 参考分量：6寸圆模一个

饼干部分

消化饼干	75克
黄油	35克

慕斯部分

原味酸奶	210克
淡奶油	200克
细砂糖	20克
吉利丁片	2片
冷水	70克
食用色素	适量

小贴士

1. 消化饼干可以在超市买到，也可以用奥利奥饼干，但是要去掉夹心；

2. 如果做8寸圆模，所有材料乘以2即可，同时也可以做更多的颜色。

做法：

1 Step
饼底制作：消化饼干放入保鲜袋，用擀面杖压成末状，黄油隔热水融化成液体，将饼干末倒入黄油中翻拌均匀，然后倒入蛋糕模中压实，放入冰箱冷藏；

2 Step
慕斯制作：原味酸奶倒入盆中，加入细砂糖，用手动打蛋器拌匀；吉利丁片冷水泡软，隔热水融化，倒入酸奶糊中，拌匀。淡奶油放入盆中，用电动打蛋器打至七分发，出现纹路即可（提起打蛋器，滴落的奶油糊可保持纹路几秒钟）；打发好的淡奶油倒入酸奶糊中，用橡皮刮刀翻拌均匀，慕斯糊就做好了；

3 Step
将慕斯糊平均分成5份，1份留在盆中，其他4份用一次性纸杯装好，分别加入1~2滴不同的色素，用筷子搅拌均匀；

4 Step
取出蛋糕模后倒入白色慕斯糊，轻磕模具，让慕斯糊铺均匀，然后依次加入彩色慕斯糊（倒入慕斯糊时，一定要从中心往下倒，速度要一致，这样才能散开得更加均匀）；

5 Step
倒完之后，不要磕模具，因为震动有可能会让颜色花掉，如果有气泡，可以用牙签挑破，然后放入冰箱中冷藏4小时以上，取出脱模即可。

拍摄思路

一看见棒棒糖就觉得它像童年的滋味，甜甜的。所以拍摄时用了粉色的背景来搭配，刻意保留了阳光直射在背景上产生的光影，营造出一种烂漫甜蜜感。

相机参数　ISO：100　快门速度：1/125　光圈：5.6

棒棒糖饼干

材料： 参考分量：大约 10 支棒棒糖

饼干部分

黄油	50 克
糖粉	30 克
鸡蛋	15 克
低筋面粉	105 克

装饰部分

翻糖膏	适量
食用色素	适量
糖珠	适量

小贴士

1. 刷翻糖的水一定要能直接饮用的水；

2. 翻糖会比较甜，所以也可以在制作饼干时加入一些柠檬汁。

做法：

Step 1 饼干制作：黄油软化后放入盆中，用刮刀拌匀，加入糖粉，先拌均匀，再用手动打蛋器搅拌；分两次加入鸡蛋液（鸡蛋打成鸡蛋液），每次都要搅打到完全吸收；筛入低筋面粉，用刮刀翻拌成无干粉的面团，放在案板上擀成薄片；

Step 2 用圆形饼干模切割，摆入烤盘，把提前用水泡过的竹签插入饼干底部中央，烤箱预热 170 摄氏度，上下火，烤盘放在烤箱中层，大约烤 15 分钟，取出冷却；

Step 3 翻糖装饰制作：取一块白色翻糖膏加入一点红色色素，揉成粉红色面团，擀成薄片，用圆形饼干模切割；

Step 4 在翻糖膏背面刷一层清水，粘贴在饼干表面；

Step 5 再取一块白色的翻糖膏，加入绿色色素，揉成绿色的面团（可以加两次，分别揉成浅绿和深绿两个绿色），擀成薄片，用翻糖压花模具压出花朵；

Step 6 花朵背面刷一层清水，粘贴在饼干中心，取一些绿色的糖珠，放在花朵中心即可。

翻糖小狗饼干

拍摄思路

我们家小久好喜欢狗狗，拍摄这张照片时他一直等在旁边，拍完之后就急不可耐地开吃了。我觉得宝宝喜欢的东西，反差不要太大，所以拍摄时用了两层纱遮挡，故光线比较柔和。不过用自然光拍摄的话，一定要在光线特别好的情况下才可以，否则会把大部分的光给挡住，达不到想要的效果。

相机参数 ISO：800 快门速度：1/60 光圈：4

摄影师 说

材料： 参考分量：10 块左右

饼干部分

黄油	50 克
糖粉	25 克
鸡蛋	30 克
低筋面粉	100 克
可可粉	10 克

翻糖部分

白色翻糖膏	适量
食用色素	适量

糖霜部分

蛋白	1 个
糖粉	150 克
食用色素	适量

做法：

Step 1

饼干制作：先准备一张 A4 纸，画出这五个小狗的图案；

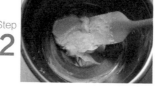

Step 2

黄油软化后放入盆中拌匀；

Step 3

加入糖粉，先用刮刀拌匀，再用手动打蛋器搅拌均匀；

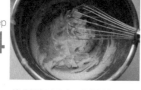

Step 4

分两次加入鸡蛋液，顺着一个方向搅拌均匀；

Step 5

将低筋面粉和可可粉混合筛入，用刮刀翻拌或者手抓揉成均匀的面团；

Step 6

把面团放在案板上擀成薄片，然后把小狗图案剪下来，贴在面片上，用小刀刻出来，放在烤盘上；烤箱预热 170 摄氏度，上下火，烤盘放中层，大约 15 分钟；烤好后冷却备用；

Step 7

翻糖制作：取两小块翻糖膏，分别加入绿色和红色色素，揉成绿色和红色的翻糖膏；

Step 8

把揉好的翻糖膏擀成薄片，将小狗图案上的衣服部分剪出来，贴在翻糖膏片上，用小刀刻出来；

Step 9

翻糖膏背面刷清水，粘贴在已经冷却的饼干上；

Step 10

蛋白糖霜制作：把一个蛋白打散至粗泡状，然后分三次加入150克糖粉，搅拌至浓稠状，取出一部分加入绿色色素，做成白色和绿色糖霜两种，分别装入裱花袋，剪一个小口；

Step 11

用绿色的糖霜在小狗衣服表面画出圣诞树的图案，然后用白色的糖霜画出雪花的图案，晾干即可。

小 贴 士

1、圣诞树和雪花也可以用翻糖做，不过我没有这么小的模具，用小刀刻又非常麻烦，所以选择糖霜做细小的装饰；

2、如果做原味的饼干，就省略可可粉，用等量的面粉代替。

拍摄思路

一般拍摄表面有装饰的点心，选择45度的拍摄角度能更好地凸显点心的表面特点。因为饼干都是相同形状的，所以使用逆光拍摄，用大光圈来突出重点。

相机参数　ISO：100　快门速度：1/125　光圈：4

摄影师 说

小女孩饼干

材料： 参考分量：约20块

黄油	80克
糖粉	55克
鸡蛋	25克
低筋面粉	160克
紫薯粉	适量

小贴士

紫薯粉也可以换成抹茶粉、可可粉等有颜色的粉类。

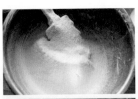

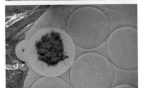

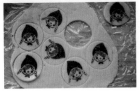

做法：

1 Step 黄油软化后放入盆中，用橡皮刮刀拌匀，加入糖粉，拌匀，分两次加入鸡蛋液（鸡蛋打成鸡蛋液），每次都要搅打均匀，筛入低筋面粉，用橡皮刮刀翻拌成均匀的面团；

2 Step 把面团放在铺了保鲜膜的案板上，上面再盖一层保鲜膜擀成薄片，用圆形饼干模切割；

3 Step 然后将小女孩图案的糖粉筛放在圆形饼干上，在镂空部分撒一些紫薯粉；

4 Step 用小刷子把紫薯粉刷均匀，使镂空处的图案部分都有紫薯粉，把多余的紫薯粉扫到糖粉筛的空白处，轻轻揭去糖粉筛，图案就做好了；

5 Step 去掉多余的面团，将饼干放在烤盘上，烤箱预热170摄氏度，上下火全开，烤网放在烤箱中层，大约烤15分钟。

拍摄思路

照片采用俯拍的角度，这样比较工整的布置使画面显得很简洁。单一的线条走向，让视觉中心点更加集中。

相机参数 ISO：400　快门速度：1/60　光圈：6

摄影师 说

抹茶芝士条

材料： 参考分量：15厘米×15厘米慕斯模一个

饼底部分

无糖消化饼干	50克
黄油	25克

芝士部分

奶油奶酪	200克
全脂牛奶	100克
细砂糖	40克
吉利丁片	2片
抹茶粉	少许

小贴士

1. 抹茶粉也可以换成可可粉或其他；

2. 想要更丰富的口味的话，可以在芝士糊里加入一些水果丁；

3. 用6寸圆模也可以。

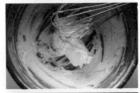

做法：

Step 1 制作饼底部分：消化饼干装入保鲜袋，用擀面杖擀成粉末状；黄油隔水融化，倒入饼干粉末，拌匀；用锡纸裹紧慕斯模底部及四周，倒入拌好的饼干碎压实，放入冰箱冷藏；

Step 2 制作芝士糊：将奶油奶酪切成小块放入盆中，隔热水慢慢搅拌到软化，然后用手动打蛋器顺着一个方向搅打均匀；加入细砂糖，继续搅打均匀；

Step 3 分两次加入全脂牛奶，每次都要搅打至混合均匀（继续保持放在热水里）；

Step 4 吉利丁片用凉水泡软，沥干水分后加入芝士糊中，利用隔水热度将吉利丁片融化，并搅拌均匀；从冰箱里取出冷藏好的饼干底，把芝士糊倒入模具中，轻磕模具，震出大气泡；

Step 5 将盆中残留的芝士糊刮入小碗中，加入少许的抹茶粉，拌匀；然后装入裱花袋，剪一个小口；

Step 6 在芝士糊表面画出几条横线，用牙签竖着拉过去以形成纹路，放入冰箱冷藏4小时以上，取出切块即食。

拍摄思路

我一直都很喜欢一边喝下午茶一边看书的感觉，很有意境。所以拍摄时将蛋糕跟书搭配在一起，采用柔和的光线，用钢笔代替了蛋糕铲，整张照片瞬间显得很有气质，感觉时间在慢慢地流淌。

相机参数　ISO：800　快门速度：1/60　光圈：4

芒果冻芝士

材料： 参考分量：6寸圆模一个

饼底部分

消化饼干碎	75克
黄油	35克

芝士部分

奶油奶酪	200克
牛奶	100克
吉利丁片	2片
细砂糖	40克
芒果	适量

小贴士

1. 脱模的时候可以用吹风机稍微吹一下模具的四周，或者用热毛巾敷一下四周，就非常容易脱模啦；

2. 饼干碎可以用任何一种酥性饼干擀成碎末，或者购买现成的饼干碎。

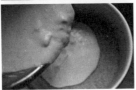

做法：

Step 1 制作饼底部分：黄油放入小碗隔热水融化成液体，倒入饼干碎中，用刮刀翻拌均匀；

Step 2 把拌好的饼干碎倒入6寸圆形活底蛋糕模中，用刮刀按压紧实，放入冰箱冷藏半小时；

Step 3 制作芝士部分：奶油奶酪切小块放入盆中，隔热水搅拌到细腻光滑后加入细砂糖拌匀；

Step 4 先加入50克牛奶，用手动打蛋器顺着一个方向搅拌均匀，再加入剩下的牛奶继续拌匀；放入已经在冷水中泡软并控干水分的吉利丁片，用打蛋器搅拌至吉利丁片融化（到此时，奶油奶酪的盆依然处于隔热水保温的状态）；

Step 5 取一些芒果肉切丁，放入芝士糊中拌匀；

Step 6 取出冷藏好的蛋糕模，将拌好的芝士糊倒入其中，轻磕几次震出大气泡，再在表面撒一些芒果丁，放入冰箱冷藏4小时以上；脱模后，再切一些芒果丁堆满在蛋糕表面，用薄荷叶装饰即可。

花样造型第一名

拍摄思路

用了稍硬的侧光源来勾勒小松鼠萌萌的外形，刻意留下的光斑使画面灵动起来。一般拍摄饼干这种薄而小的食物时，让它们站立起来也是使画面充满立体感的表现方法之一。

摄影师 说

相机参数 ISO：100 快门速度：1/600 光圈：5.6

松鼠饼干

材料: 参考分量: 10 块左右

原味面团

黄油	50 克
糖粉	35 克
鸡蛋	15 克
低筋面粉	95 克

可可面团

黄油	80 克
糖粉	60 克
鸡蛋	25 克
低筋面粉	130 克
可可粉	20 克

其他

大杏仁	适量
黑、白、粉色巧克力	适量

做法:

1 Step 黄油软化后加入糖粉,用手动打蛋器搅打均匀;分次加入鸡蛋液,搅打均匀;筛入低筋面粉(制作可可面团时筛入低筋面粉 + 可可粉),用橡皮刮刀切拌成均匀的面团,若面团比较软,则放入冰箱冷藏 30 分钟;

2 Step 取出后,将面团分别擀成薄片,将自制的松鼠纸片模具放在面片上,用小刀切割;

3 Step 将两种面片分别组合好后,放入铺了锡纸的烤盘上;

4 Step 在松鼠两手之间按压上一颗大杏仁,烤箱预热 160 摄氏度,上下火,烤盘放中层,大约烤 20 分钟;冷却之后,融化一些黑、白、粉色巧克力装入裱花袋,在松鼠脸上画出你喜欢的表情即可。

● 小贴士

1. 要制作松鼠纸片模具,先在网上找到合适的图片,然后用白纸贴在电脑屏幕上描画下来;

2. 松鼠饼干是拼贴的双色,因此分为两部分模具,一部分是整体的外轮廓,一部分是脸上白色的部分,分别剪下来粘贴在硬质卡纸上即可。

《花样造型》第一名

拍摄思路

这一组饼干我用的是逆光拍摄，强调饼干的造型和线条。站立着的熊猫好像在朝着大家奔过来呢！其实要让饼干直立起来很简单，后面用牙签作支撑，拍摄时注意角度不要穿帮就好。

相机参数 ISO：100 快门速度：1/250 光圈：4

熊猫饼干

材料： 参考分量：12 块左右

原味面团

黄油	50 克
糖粉	35 克
鸡蛋	15 克
低筋面粉	95 克
香草精	适量

可可面团

黄油	80 克
糖粉	60 克
鸡蛋	25 克
低筋面粉	125 克
可可粉	20 克

小贴士

冷藏会使面团变硬，便于切割造型。

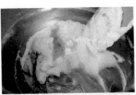

做法：

1 Step 分别制作两种颜色的面团：黄油软化后加入糖粉，用手动打蛋器搅打均匀；分次加入鸡蛋液（鸡蛋打成鸡蛋液），搅打均匀；

2 Step 筛入低筋面粉，其中原味面团加入香草精，可可面团筛入可可粉；

3 Step 各自翻拌成均匀无干粉的面团，放入冰箱冷藏 20 分钟；

4 Step 取出后，分别擀成 0.3 厘米厚的薄片，用立体熊猫模具切割；

5 Step 将两种面片分别组合，放在铺了锡纸的烤盘上，烤箱预热 170 摄氏度，上下火，烤盘放在烤箱中层，大约烤 20 分钟。

拍摄思路

拍摄这张照片那天阳光特别地好，所以选择了同类色搭配，让画面整体协调统一，有一种小日式的感觉。

相机参数 ISO：100 快门速度：1/800 光圈：4.6

摄影师 说

打伞的龙猫饼干

材料： 参考分量：10 块左右

黄油	80 克
糖粉	50 克
鸡蛋	25 克
低筋面粉	145 克
可可粉	1 小勺 +1/4 小勺
黑巧克力	适量
白巧克力	适量

小贴士

1. 冬天巧克力容易凝固，可以一直隔温水放着；

2. 伞和身体连接的部分很容易断，所以切割伞的面团不要擀得太厚。

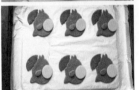

做法：

Step 1 黄油软化后放入盆中，用刮刀拌匀，加入糖粉，用手动打蛋器顺着一个方向搅拌均匀；分两次加入鸡蛋液，拌匀至完全吸收；筛入低筋面粉，用刮刀翻拌均匀；将面团分为大小两份，多的那份加入1小勺可可粉，揉匀后擀成薄片，用模具切割出龙猫的轮廓，摆入烤盘；

Step 2 用模具切割出龙猫的爪子，贴在适当的位置；

Step 3 把剩余的可可面团再加入1/4小勺可可粉揉匀，让面团的颜色更深一些，然后擀成薄片，用模具切割出伞的形状，粘贴在恰当的位置；

Step 4 把原味面团擀成薄片，用模具切割出龙猫的肚皮，粘贴在适当的位置；烤箱预热170摄氏度，上下火全开，放在烤箱中层，大约烤20分钟，冷却备用；

Step 5 融化黑、白巧克力（装入裱花袋中隔热水融化），用黑巧克力画出龙猫的伞、爪子，用白巧克力画出眼睛，再用黑巧克力画出眼珠、胡子和嘴巴，最后再画出龙猫肚皮上的纹路即可。

拍摄思路

照片逆光拍摄，运用小景深突出主体。饼干造型本身就很吸引人，所以拍摄这样的照片我都会尽量精简背景。

 相机参数 ISO：100 快门速度：1/250 光圈：4

摄影师 说

小红帽饼干

材料： 参考分量：8 块左右

黄油	80 克
糖粉	60 克
蛋白	23 克
低筋面粉	150 克
草莓粉	1 大勺
可可粉	1 小勺
黑巧克力	适量

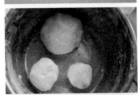
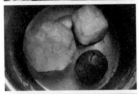

小贴士

1. 可以在网上找自己喜欢的娃娃图案，做法是一样的；

2. 蛋白会让饼干的韧性更好，也可以换成全蛋液。

做法：

1 Step 先把图案画在纸上，然后把各个部分剪下来备用；

2 Step 黄油软化后放入盆中，用刮刀拌匀，加入糖粉，用手动打蛋器搅打均匀；分两次加入蛋白液（蛋白打成蛋白液），每次都要搅拌到完全吸收；筛入低筋面粉，用橡皮刮刀翻拌成无干粉的面团；

3 Step 把面团分成三份，在最大的面团中加入草莓粉，最小的加入可可粉，抓揉成均匀的面团；

4 Step 将三个面团都擀成薄片，把纸模放在上面；

5 Step 用小刀在草莓、原味、可可薄片上分别刻出小红帽的整个轮廓、脸部和胳膊、头发这几部分，放在合适的位置；

6 Step 然后再将腿和篮子部分的纸模放在可可面团上，刻出相应的图案，放在合适的位置；

7 Step 烤箱预热 165 摄氏度，组合好以后放烤箱中层，上下火烤大约 20 分钟；在裱花袋中隔热水融化一些黑巧克力，饼干冷却之后在小红帽的脸上画出眼睛、鼻子和嘴巴即可。

花样造型第一名

拍摄思路

小宝宝们都很爱 Hello Kitty 呢，所以在画面的布局上花了一点小心思，后面那个 Hello Kitty 像不像是躲在杯子里呢？拍摄时角度稍微低一些，这样才能把 Kitty 的脸拍全。

相机参数 ISO：200 快门速度：1/125 光圈：2.8

摄影师 说

Hello Kitty 小蛋糕

材料： 参考分量：图中模具 3 个

黄油	50 克
细砂糖	45 克
鸡蛋	1 个
低筋面粉	50 克
泡打粉	1/2 小勺
黑巧克力	适量
粉巧克力	适量

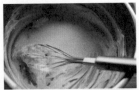

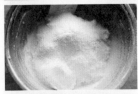
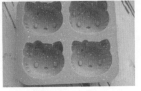

做法：

1 Step　黄油软化后，加入细砂糖，用手动打蛋器顺着一个方向搅打均匀，直到颜色变浅，体积膨大；

2 Step　分 3~4 次加入鸡蛋液（鸡蛋打成鸡蛋液），每次都要搅拌到完全吸收；

3 Step　混合筛入低筋面粉和泡打粉，用橡皮刮刀翻拌成均匀的面糊；

4 Step　将面糊装入裱花袋中，剪小口，挤入模具八分满，烤箱预热 180 摄氏度，上下火，烤网放中下层，大约烤 25 分钟；冷却之后，融化一些黑巧克力和粉红色的巧克力，装入裱花袋，给 Kitty 猫画上眼睛和蝴蝶结即可。

小 贴 士

1. 如果喜欢的话，也可以在面糊中加入一些柠檬皮、橙子皮屑来增加风味；

2. 金属的 Kitty 猫模具也可以使用，如果不是防粘的，在倒入面糊之前，记得在内壁抹上一层软化的黄油。

花样造型第一名

拍摄思路

拍摄这一类型的棒棒糖我试过很多拍摄角度，后来发现最好的拍摄角度就是平拍或者45度角。因为棒棒糖本身分量很足，造型也吸引人，所以把它们插在玻璃瓶里，用简单的背景来拍摄。

相机参数　ISO：100　快门速度：1/160　光圈：4

棒棒糖蛋糕

材料: 参考分量: 图中棒棒糖 8 个

蛋糕部分

黄油	50 克
细砂糖	20 克
鸡蛋	35 克
牛奶	5 克
低筋面粉	55 克
泡打粉	1/4 小勺

装饰部分

黑巧克力	适量
白巧克力	适量
黄巧克力	适量
粉巧克力	适量
白色翻糖膏	适量
食用色素	适量

小贴士

1. 不使用翻糖膏也可以, 全部用巧克力来塑形;

2. 棒棒在烘烤的时候不要放入模具内, 烤完之后趁热插入蛋糕中。

做法:

1 Step 黄油软化后搅拌顺滑, 加入细砂糖, 用手动打蛋器搅拌均匀; 分 2 次加入鸡蛋液 (鸡蛋打成鸡蛋液), 每次都要搅打至完全吸收; 加入牛奶, 搅匀; 混合筛入低筋面粉和泡打粉, 翻拌均匀后装入裱花袋, 剪小圆口;

2 Step 将面糊挤在模具内, 约八分满, 烤箱预热 190 摄氏度, 上下火, 烤网放中层, 烤 15~20 分钟;

3 Step 取出脱模, 将烤好的蛋糕放在盘子里, 将棒棒插入中心, 等待冷却; 隔热水融化黑、白、黄、粉巧克力;

4 Step 小鸡造型: 将棒棒糖蛋糕在黄色巧克力液内均匀地沾裹一层, 冷却后用黑、黄巧克力分别画出眼睛、翅膀; 白色翻糖膏加入橘色色素揉匀, 做出嘴巴和脚掌, 用清水粘贴;

5 Step 小熊造型: 将棒棒糖蛋糕在白巧克力液内均匀沾裹一层, 冷却后分别用黑、白巧克力画出眼睛、嘴巴的突出部分和嘴巴的线条; 耳朵部分: 用白巧克力液在高温油布上画一些大小适当的圆形, 冷却之后用粉色巧克力液在上面再画小一圈的圆形, 最后用白巧克力粘贴在小熊脑袋的两边即可。

拍摄思路

这么漂亮的游轮蛋糕，拍摄时一定要突出海洋感。所以用了淡蓝色的背景，是不是感觉到有阵阵海风吹过呢？

相机参数 ISO：200　快门速度：1/80　光圈：3.2

摄影师 说

小游轮蛋糕

材料： 参考分量：图中模具 8 个

蛋糕部分

大豆油	80 克
细砂糖	55 克
低筋面粉	135 克
泡打粉	2 克
鸡蛋	2 个
酸奶	105 克
椰蓉	适量

糖霜部分

蛋白	1 个
糖粉	150 克
色素	适量

小贴士

1. 我用的模具是 4 连船锚硅胶模，不用涂黄油，可以趁热脱模；

2. 不用糖霜装饰，放凉后可直接食用。

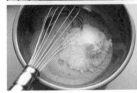

做法：

Step 1 鸡蛋在盆中打散，用手动打蛋器略微拌匀，加入细砂糖，继续顺着一个方向拌匀，加入酸奶拌匀；

Step 2 加入大豆油拌匀；放入椰蓉拌匀；

Step 3 将低筋面粉和泡打粉混合筛入拌好的鸡蛋糊中，用橡皮刮刀翻拌成均匀的面糊；把面糊装入裱花袋挤入模具中，大约八分满（除非是不粘模，否则要先在模具内壁涂抹一层黄油防粘）；

Step 4 烤箱预热 180 摄氏度，上下火，烤网放中层，烤 20~25 分钟至表面金黄，取出后冷却；

Step 5 糖霜制作：1 个蛋白打散后分 3 次加入 150 克糖粉，搅拌到浓稠细腻，以提起打蛋器能非常缓慢地流动为宜；做好的糖霜加入喜欢的色素拌匀，然后装入裱花袋，剪小口，就可以根据自己的想象力进行装饰啦！

花样造型第一名

摄影师 说

拍摄思路

我一直都很喜爱拍摄戚风蛋糕，因为我觉得这是一款可以进行二次制作的蛋糕。在拍摄时我们可以根据时下的果蔬进行蛋糕的装饰。拍摄这组戚风蛋糕时想用逆光来体现窗台下的蛋糕，用新鲜的尤加利叶子作为一个前景装饰。在拍摄时我们可以用一些花草来做前景，这样会让画面产生很好的立体感。

相机参数　ISO：400　快门速度：1/100　光圈：2

豆浆全麦戚风

材料： 参考分量：6寸中空圆模一个

蛋糕部分

鸡蛋	3个
细砂糖	40克
豆浆	45克
大豆油	35克
低筋面粉	45克
全麦面粉	10克
核桃碎	10克

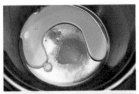
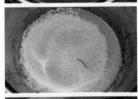

做法：

1 Step 先来制作蛋黄糊部分：大豆油、豆浆和10克细砂糖放入盆中，搅拌到细砂糖基本融化；

2 Step 加入低筋面粉和全麦面粉，用手动打蛋器以不规则的方向拌匀；

3 Step 再加入三个蛋黄，继续拌匀，然后加入核桃碎再次拌匀；

4 Step 再来制作蛋白糊部分：三个鸡蛋的蛋白放入无油无水的盆中，加入细砂糖，打到硬性发泡；

5 Step 把一少部分蛋白加入蛋黄糊中，用刮刀翻拌到混合均匀；

6 Step 再倒入剩余的蛋白中，再次从底部向上翻拌到均匀浓稠；

7 Step 倒入模具中，送入提前预热160摄氏度的烤箱中下层，大约烤40分钟。

花样造型第一名

153

♥ 静物色彩搭配一招通吃 ♥

••• 经常有同学跟我说暗调照片比较容易表现，亮调照片不好掌握。那是因为，暗调照片通过光影帮我们遮盖了很多瑕疵，亮调照片不好掌握，是因为照片的色彩不好把握。在这里给大家说一个很好用的静物摄影配色原理，在静物摄影中，使用频率较高的色彩搭配是同类色或邻近色的搭配，搭配时我们注意使用的餐具器皿以及背景和主题色彩接近，这样画面就能呈现和谐统一、自然稳定的感觉。

••• 因为我从小学到大学一直坚持画画，所以对色彩比较熟悉。对于初学静物摄影的同学们来说，我的建议是：大家多看看色盘，了解基本的色彩情感和配色原理，延伸出一些配色方案。一张构图好、光线棒的照片，如果色彩搭配得不好，显得杂乱无章，那也不能成为一张生动的作品。大自然赋予了我们色彩的情感，不同物体形态影响着我们的生活，这些形态的色彩也就是我们对于情感的理解。

Chu~

Part

6

没烤箱

你也可以是万能的

买到这本书的你，也许还没有开始动手烘焙自己人生中的第一块蛋糕，还在思考要不要入手一个烤箱，去实现自己的烘焙帝国之路。没关系，只要你有冰箱、平底锅、面包机就好了。

你可以先从慕斯蛋糕入手，也可以去做一杯布丁、一块华夫，也可以用面包机去做果酱和肉松，还可以做机器猫爱吃的铜锣烧……有很多不需要烤箱就能完成的甜点，都是你开始接触烘焙可以去做的事情。

下次朋友再来的时候，你就可以端出自己做的鸡蛋卷、椰子糕、绿豆沙、西米露……来招待他们，这是多么美好的一个下午时光啊！

拍摄思路

对于椰蓉球这种小甜点我一直难以抗拒，所以拍摄时加了粉色的衬布，凸显出浓浓的少女心风格。背景中隐约可见的色块，跟衬布的颜色相呼应。

相机参数 ISO：100　快门速度：1/250　光圈：2.8

摄影师 说

椰蓉芝士球

材料： 参考分量：大约 15 个

奶油奶酪	100 克
糖粉	15 克
牛奶	10 克
葡萄干	适量
核桃仁	适量
椰蓉	适量

小贴士

1. 葡萄干也可以用朗姆酒浸泡，更有风味；
2. 冷藏之后口感更佳。

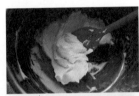

做法：

1 Step 葡萄干提前用清水泡软；奶油奶酪切小块隔热水软化，用刮刀拌匀；

2 Step 加入糖粉，用手动打蛋器搅拌均匀；

3 Step 加入牛奶，再次搅拌均匀；

4 Step 放入烤熟的核桃仁和沥干水分的葡萄干，用刮刀翻拌均匀；

5 Step 用量勺舀一平勺奶酪糊，在手中揉圆，准备一个盘子，里面放上椰蓉，将奶酪球放到椰蓉里滚一下，让表面全部包裹上椰蓉即可。

拍摄思路

拍摄时我用逆光来勾勒出蛋糕的轮廓，同时用不同材质、不同高度的容器，使画面产生一种高低错落的感觉。用一些随意散落的棉花糖来点缀空白的地方，画面是不是活跃起来了呢？

相机参数　ISO：400
　　　　　　快门速度：1/60
　　　　　　光圈：5.6

推推乐蛋糕

材料: 参考分量: 6个

蛋糕片	适量
淡奶油	适量
细砂糖	适量
抹茶粉	适量
可可粉	适量
棉花糖	适量

● 小贴士

1. 淡奶油可以做成彩色的，也可以把蛋糕胚做成彩色的；

2. 推推乐的模具有花朵、心形、方形、圆形等各种形状，可以选择自己喜欢的形状；

3. 做盒子蛋糕剩下的边角料蛋糕胚，就可以用来做推推乐蛋糕。

做法:

Step **1**

提前用戚风蛋糕的做法，用 28×28 厘米的黄金烤盘烤好一片蛋糕片，然后准备好推推乐模具；

Step **2**

把蛋糕片用推推乐模具切成适合的大小，底部放一片蛋糕片，再挤入一层打发的抹茶味的淡奶油；再加入一片蛋糕片，挤入一层打发的可可味的淡奶油，如此反复，直到和模具差不多高度；

Step **3**

在表面装饰一些彩色的迷你棉花糖，冷藏 2 小时之后就可以吃了。

拍摄思路

给家人做的下午茶，原材料一定要是健康、自然的。所以在拍摄时加入了一些原材料的元素进行画面布置，后期调色稍微偏暖一点。

相机参数 ISO：400　快门速度：1/80　光圈：4

摄影师 说

华夫饼

材料： 参考分量：2 块

鸡蛋	2 个
低筋面粉	115 克
玉米淀粉	25 克
黄油	40 克
细砂糖	40 克
牛奶	65 克
泡打粉	3 克

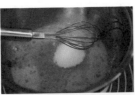

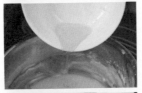

做法：

1 Step 鸡蛋打散，加入细砂糖拌匀；

2 Step 加入牛奶拌匀；筛入混合过筛的低筋面粉、玉米淀粉、泡打粉，用打蛋器搅拌成光滑的面糊；

3 Step 黄油隔水融化成液体后，加入上一步的面糊中，搅拌均匀；

4 Step 把面糊挤入华夫饼机，加热结束即可，稍微放凉后取出，可以在华夫饼表面撒些糖粉装饰。

小贴士

1. 华夫饼机上下两面都要用刷子涂抹一层融化的黄油（配方之外），每个缝隙都要涂抹到；

2. 如果想做香草味华夫饼，就在面糊中加入一点香草精即可，如果想做抹茶或者可可味的华夫饼，则用 10 克抹茶粉或者可可粉代替等量的面粉即可。

你也可以是万能的

拍摄思路

对于白色的甜点，我一般会用最直接的线条和色块来表现，整体颜色不易过多。拍摄时搭配了一块清爽的淡绿色格子布，曝光稍微过一点，使整体画面显得更轻盈。

相机参数　ISO：100　快门速度：1/250　光圈：2.8

摄影师 说

椰子糕

材料： 参考分量：图中 11 厘米 X6 厘米 X3 厘米模具 1 个　**做法：**

椰浆	80 克
牛奶	120 克
玉米淀粉	30 克
细砂糖	20 克
炼乳	1 小勺
椰蓉	适量

小贴士

1. 没有炼乳的话也可以省略；

2. 也可以使用布丁模具，尝试做出各种造型。

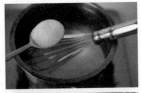

1 Step　把牛奶倒入小锅中开小火熬煮，再加入椰浆；加入细砂糖和炼乳，一边煮一边用手动打蛋器搅拌均匀；

2 Step　加入玉米淀粉，继续顺着一个方向搅拌，直到提起打蛋器，奶浆可以缓缓滴落，呈比较黏稠的状态，关火；

3 Step　准备一个小号的蛋糕模，底部撒满椰蓉（为了好脱模，可以先在模具里面铺上一层保鲜膜，再撒椰蓉，当然也可以用玻璃或者硅胶模具）；将煮好的奶浆倒入模具中，放入冰箱冷藏 4 小时以上；

4 Step　脱模切小块，在装满椰蓉的盘子里蘸一下，让四周均匀地包裹一层椰蓉即可。

拍摄思路

拍摄这组松露巧克力的时候，我想体现的是一种制作场景的氛围，因为巧克力是比较深的颜色，而且它本身的质感给人一种粗犷偏美式的味道，所以在色调上选择了暗调来体现这种制作场景感，用逆光硬光源来强调它的粗犷质感。

相机参数 ISO：400　快门速度：1/125　光圈：5.6

摄影师 说

黑松露巧克力

材料： 参考分量：约 22 颗

黑巧克力	250 克
淡奶油	200 克
无盐黄油	50 克
盐	2 克
可可粉	适量
黑巧克力	适量
熟花生碎	适量

小贴士

1、不能使用代可可脂巧克力；

2、融化巧克力时水温不宜过高，超过70摄氏度，巧克力就会产生颗粒。

做法：

Step 1 黑巧克力（建议可可脂含量 55%以上）隔水融化，拌匀；

Step 2 淡奶油用小锅加热至微沸，然后倒入黑巧克力液体中，期间不停搅拌（用刮刀按压盆底打圈）；

Step 3 最后将盐和切小块的黄油放入，搅拌均匀，放入冰箱冷藏至粘稠；

Step 4 分成每个 20 克的小球，搓圆，冷藏一会；

Step 5 融化一些黑巧克力（隔温水保温），取出冷藏变硬的巧克力球，用牙签插入其中，放入融化好的黑巧克力液体中，全部包裹一层；

Step 6 放入盘中，趁未干筛一层可可粉即可。如果觉得可可粉的苦味比较重，也可以把熟的花生碎放入黑巧克力液体中拌匀，直接让巧克力球包裹一层花生巧克力，或者包裹一层巧克力液体后再放入花生碎的碗里沾满表面。

你也可以是万能的

拍摄思路

拍摄这张抹茶巧克力时正好是春天,春天真是一个生机勃勃的季节。所以拍摄的时候我就想着一定要把抹茶的绿色体现出来,所有的拍摄思路都是围绕那一抹绿展开。告诉大家一个好的拍摄方式:绿色系的物体用暗调来拍摄特别能凸显颜色,此外逆光拍摄能把物体表面的质感凸显出来。我很爱自然光的逆光拍摄,不同的逆光处理手法,能传递出好多图片情感,大家都试一试把!

相机参数 ISO:400 快门速度:1/60 光圈:4

摄影师 说

抹茶生巧

材料： 参考分量: 12~16 块

白巧克力	125 克
抹茶粉	5 克
淡奶油	50 克
葡萄糖浆	8 克
黄油	8 克
装饰用抹茶粉	适量

小贴士

1、白巧克力推荐可可脂含量28%左右，不要用代可可脂；

2、也可以用硅胶巧克力模制作。

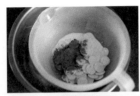

做法：

1 Step 把白巧克力、抹茶粉、淡奶油放入一个容器中；

2 Step 隔热水搅拌融化，到完全混合均匀；

3 Step 加入葡萄糖浆拌匀；

4 Step 再加入软化的黄油，继续拌匀；

5 Step 倒入一个模具中，方形慕斯圈或者保鲜盒都可以，冷冻 2 小时以上取出，表面筛一层抹茶粉，切块即可。

你也可以是万能的

摄影师 说

红豆西米露

西米	适量
蜜红豆	适量
牛奶	适量
细砂糖	适量

小贴士

1. 蜜红豆可以在超市购买；

2. 如果不提前冷藏牛奶，也可以在做好的西米露里加入几块冰块；

3. 如果天气比较凉，可以将牛奶和细砂糖小火煮热后再加入西米和红豆；

4. 用杏仁露代替牛奶可以省略细砂糖，味道也非常好。

做法：

Step 1

把牛奶倒入一个小碗中，加入细砂糖搅拌至融化，放入冰箱冷藏备用；

Step 2

西米提前用清水浸泡半小时以上；在小锅中加入清水，放入泡软的西米，小火煮至西米变得透明；

Step 3

将煮好的西米捞出，用凉水冲掉表面的淀粉；

Step 4

取出冷藏好的牛奶，把西米倒入牛奶中；

Step 5

加入适量的蜜红豆，略微拌匀就可以吃啦！

你也可以是万能的

铜锣烧

拍摄思路

这组大地色系的色彩运用，让照片整体看起来和谐、自然。

相机参数

ISO：200
快门速度：1/125
光圈：4

摄影师 说

材料： 参考分量：大约 10 片

鸡蛋	1 个
低筋面粉	100 克
牛奶	100 克
糖粉	25 克
泡打粉	1/2 小勺
小苏打	1/4 小勺
豆沙	适量

做法：

鸡蛋打入盆中,加入糖粉;

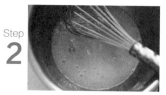

用手动打蛋器顺着一个方向搅拌均匀;

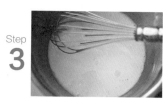

加入牛奶,再次搅拌均匀;

将低筋面粉、泡打粉和小苏打混合筛入;

用橡皮刮刀翻拌成均匀的面糊;

将拌好的面糊盖上保鲜膜,室温静置 20 分钟;

Step
7

再次把面糊拌匀，把不粘锅放在小火上，然后舀一勺面糊在锅子中间，面糊会散开成一个圆形；

Step
8

至面糊表面开始出现很多大气泡并陆续破裂，翻面；

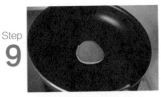

Step
9

煎至两面都是金黄色，就可以取出放在盘子里冷却；

Step
10

全部煎好冷却之后，取一些豆沙放在掌心，揉成小球，再按扁；

Step
11

夹在两片铜锣烧之间即可。

你也可以是万能的

拍摄思路

肉松最适合早餐的时候吃了。所以拍摄时采用了柔和的光线，色彩上搭配了蓝色和橘色，营造出暖暖的早餐氛围。

相机参数　　ISO：100　快门速度：1/400　光圈：4

三文鱼肉松

三文鱼肉	一盒
葱段	适量
姜片	适量
香油	适量
酱油	少许

做法：

1 Step 锅内添水，放入葱段姜片煮沸；

2 Step 三文鱼肉洗净切小块，放入锅内焯水；

3 Step 把焯熟的三文鱼肉放入面包机内，加入一点香油和酱油；

4 Step 开启面包机肉松模式，根据需要可以重复这个程序，直到肉松呈现你想要的干湿程度即可。

小贴士

1. 三文鱼也可以换成鸡肉、牛肉，不过要在放入面包机之前切碎一点，更容易搅拌均匀；

2. 如果是大孩子吃，也可以将味道调得再浓郁一些，比如放一些糖、盐。

你也可以是万能的

175

木糠酸奶杯

材料: 参考分量: 2 个

消化饼干	6 块
酸奶	1 杯
果酱	适量

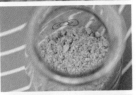

做法:

1 _{Step} 将消化饼干放入保鲜袋中,用擀面杖擀成粉状;

2 _{Step} 将擀好的饼干屑用小勺舀一些铺在酸奶杯底部,压实;

3 _{Step} 倒入一些酸奶,覆盖住饼干屑,成为第二层;

4 _{Step} 继续加入饼干屑,压实,再倒入酸奶,如此做出需要的层数,在最上面的酸奶层上浇上一点果酱,就大功告成了。

小贴士

1. 用大果粒酸奶会让口味增色不少;

2. 任何酥性饼干都可以,如果希望低脂,可以选择全麦饼干。

你也可以是万能的

拍摄思路

这张照片采用逆光拍摄，偏中央构图，凸显果冻弹牙的口感。

相机参数　ISO：100　**快门速度**：1/250　**光圈**：3.2

橙子果冻

材料: 参考分量: 1 个橙子

橙子	1 个
吉利丁片	1 片
细砂糖	20 克
清水	适量

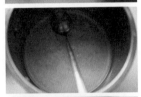

小贴士

1. 如果想做多一点，按照比例增加即可；橙子如果够甜可以少放一点糖；

2. 如果使用鱼胶粉，和吉利丁片等量，直接放入温热的橙汁中拌匀即可。

做法:

1 Step 橙子洗干净对半切开，用勺子取出果肉放在碗中；

2 Step 用榨汁机或者勺子把橙汁挤出来倒入小锅中；

3 Step 加入细砂糖和一些清水，搅拌均匀；

4 Step 装橙汁的小锅放在小火上加热，将吉利丁片用冷水泡软后加入橙汁中搅拌均匀，直至吉利丁片彻底融化；

5 Step 关火，把橙汁倒入两个橙皮中，放入冰箱冷藏 4 小时以上，直至彻底凝固，取出后切成小瓣食用。

♥ 你不了解的蛋白霜 ♥

蛋白霜又叫做蛋白糖霜或者糖霜，比例和做法不同，会有不同的用处。自己做的戚风蛋糕、蛋白糖、马卡龙总不成功，那很可能跟蛋白霜有关系哦。

1、法式蛋白霜：

••• 说法式蛋白霜这个词儿，大家可能会觉得有点陌生和复杂，其实啊，就是你平时烤戚风的时候打的蛋白。先把蛋白打到产生很多细腻泡沫的状态，加入 1/3 的盐，继续打发到开始发白浓稠的状态，再加入 1/3 的盐，打到出现纹路状态，加入最后 1/3 的盐，直到打到倒盆不洒，提起厨师机的打蛋头，蛋白霜呈鸡尾状。

常见用处：戚风蛋糕、烤芝士蛋糕

2、瑞士蛋白霜：

••• 把蛋白放入无油无水的厨师机搅拌桶中，加入细砂糖，将搅拌桶放在热水上，隔热水一边搅拌一边测量温度，加热到 45~50 摄氏度，离开热水开始打发。这样做出来的蛋白霜更加细腻挺拔，不易消泡。一般蛋白和细砂糖的比例是 1：2，细砂糖过少，光泽度和细腻度就会受影响。

常见用处：蛋白糖、糖霜饼干

3、意式蛋白霜：

••• 意式蛋白霜是把配方中的细砂糖和水先煮成 118~121 摄氏度的糖浆，然后匀速倒入刚刚打发到挺立的蛋白中，一边倒入一边搅打，直到再次打发到硬性发泡。这样做出来的蛋白霜是三种里面最稳定的，所以一般多用于做马卡龙。而唯一要注意的是，煮糖水和打发蛋白的时间一定要配合好。

常见用处：马卡龙、韩式裱花

图书在版编目（ＣＩＰ）数据

　　爱烘焙会拍照 ：速成烘焙大师攻略 ／ 马琳著 ；王晶萍摄.
-- 长沙 ： 湖南科学技术出版社，2018.5
　　（马琳的点心书）
　　ISBN 978-7-5357-9484-0

　　Ⅰ . ①爱… Ⅱ . ①马… ②王… Ⅲ . ①烘焙－糕点加工Ⅳ . ①TS213.2

　　中国版本图书馆 CIP 数据核字(2017)第 217252 号

AI HONGBEI HUI PAIZHAO:SUCHENG HONGBEI DASHI GONGLUE

爱烘焙会拍照 ： 速成烘焙大师攻略

著　　者：马　琳
责任编辑：李文瑶 李柔
出版发行：湖南科学技术出版社
社　　址：长沙市湘雅路 276 号
　　　　　http://www.hnstp.com
湖南科学技术出版社天猫旗舰店网址：
　　　　　http://hnkjcbs.tmall.com
邮购联系：本社直销科 0731-84375808
印　　刷：长沙市雅高彩印有限公司
　　　　　（印装质量问题请直接与本厂联系）
厂　　址：长沙市开福区德雅路 1246 号
邮　　编：410008
版　　次：2018 年 5 月第 1 版
印　　次：2018 年 5 月第 1 次印刷
开　　本：710mm×1000mm　1/16
印　　张：12.25
字　　数：150000
书　　号：ISBN 978-7-5357-9484-0
定　　价：45.00 元